JN417900

일반화학 실험 2

노승백 이민우

GENERAL CHEMISTRY LAB

계명대학교 출판부

Contents

CHAPTER 01 실험에서 주의사항 ——— 5

CHAPTER 02 실험보고서 작성법 ——— 11

CHAPTER 03 실 험 ——— 17

[실험 1] Ⅰ족 양이온의 정성분석 19
[실험 2] Ⅱ족 양이온의 정성분석 27
[실험 3] Ⅲ족 양이온의 정성분석 37
[실험 4] 음이온의 확인 45
[실험 5] 산-염기 적정 53
[실험 6] 용해도곱 상수의 결정 61
[실험 7] 산화 · 환원 적정: 요오드 적정법 67
[실험 8] 산화 · 환원 적정: 과망간산 적정법 73
[실험 9] 킬레이트 적정: 물의 경도 측정 79
[실험 10] 오렌지 주스의 비타민 C 정량분석 91
[실험 11] 재결정과 거르기 97
[실험 12] 균일촉매 반응 103
[실험 13] 생활 속의 염기 분석 109
[실험 14] 알코올의 정성 분석 113
[실험 15] 시계반응 117

Contents

CHAPTER 04 실　습 ― 121

[실습 1] 갈바니 전지 제조(전기화학) 123

[실습 2] FT-IR 129

[실습 3] 아스피린 합성 141

[실습 4] 나일론 합성 145

CHAPTER **01**

실험에서 주의사항

Ⅰ. 실험전의 준비

1) 실험내용과 원리를 완전히 이해하고, 실험방법에 따라 실험계획을 수립한다.
2) 실험에 사용될 장치와 기기 등을 미리 점검하고, 미비한 점은 수리하거나 보충한다.
3) 실험에 사용될 장치와 기기 등을 사용 시에는 사용전에 주의사항을 확인한다.

Ⅱ. 실험중의 주의사항

1) 실험 중에는 반드시 실험가운을 착용하고, 실험에 불필요한 것은 실험대에 올려 놓지 않는다. (가연성 물질에 개방불꽃을 이용한 가열은 하지 말 것.)
2) 실험에 사용하는 모든 기구는 청결해야 한다. 따라서 모든 기구는 사용 후 곧 씻어 두어야 한다.
   - 씻는 순서 : 세제로 먼저 씻고, 수돗물로 헹구고, 증류수로 세척한다.
   - 유지의 경우 : 세제로 먼저 씻고, 크롬산 혼합용액으로 세척한다.
3) 적정의 경우에는 시료용액 약 2~3 ml를 시험관에 넣어 시약 몇 방울로 일어나는 현상을 관찰한 후 필요한 양을 대략적으로 잡는다.
4) 시약병에서 시약을 시험관에 넣을 때
   - 왼손 : 엄지와 둘 째 손가락으로 병마개를 쥐고, 나머지 손가락으로 시험관을 쥔다.
   - 오른손 : 라벨이 붙은 쪽을 손가락으로 덮어 쥔다.
     (라벨이 없는 시약은 사용하지 말 것.)
5) 시약을 가하는 경우에는 시약을 넣음으로서 일어나는 반응, 과량으로 인한 영향 등을 잘 생각하여 필요량 이상으로 가하지 않는다. (증류수는 농축산에 가하지 말 것.)
6) 악취와 유독가스가 발생하는 반응은 반드시 통풍실 내에서 실행하여야 한다.
7) 기계적으로 작업하지 말고, 시약을 가하는 이유, 분자식, 반응식 등을 충분히 이해하면서 면밀히 실험한다.
8) 실험기구는 깨끗이 씻은 후 일정한 자리에 비치하도록 한다.
9) 실험법, 실험결과 및 관찰사항 등을 실험노트에 반드시 기입한다.
10) 실험도중에 기회가 있으면 실험데이터가 맞는지, 틀리는지를 확인하기 위한 점

검계산을 한다.

11) 실험실 내에서는 잡담이나 끽연을 금하고, 담당조교의 지시를 따른다.

12) 필요한 시약을 만들기 전에는 필요량을 정확히 인지하고, 사용 후 버리는 시약이 없도록 한다.

13) 고무마개에 유리를 끼울 경우에는 그리스를 바르고, 헝겊에 싼 후 서서히 힘을 가해 끼운다.

14) 실험실에서 시약병을 운반할 때에는 특히 주의한다.

Ⅲ. 실험후의 주의사항

1) 실험노트에 미비한 부분이 있는지를 확인한다.

2) 실험에 사용한 기구, 장치 및 약품을 반드시 원상태로 복귀시킨다. 특히, 유리제품, 약품, 부식성 재료 등은 방치하지 말고, 담당조교의 지시에 따라야 하며, 파손부분은 즉시 보고하여야 한다.

3) 실험실 내를 청결히 한 후 수도꼭지, 가스꼭지, 전기스위치를 잘 조사한 다음 실험을 종료해야 한다.

4) 실험보고서는 가능한 한 실험이 끝난 당일에 기록하는 것이 좋다.

5) 실험에 대한 개선점 및 추가사항을 보고서 후편에 기록하여 지도교수에게 건의한다.

Ⅳ. 실험실에서 안전성을 위한 일반규칙

1) 실험실에서 허가되지 않은 실험을 하여서는 아니 된다.

2) 시험관을 가열하거나 반응을 일으킬 때 시험관의 입구가 주위에 있는 다른 학생이나 자신을 향해서는 아니 된다.

3) 특별한 지시가 없는 한 어떤 시약도 맛을 보아서는 아니 된다. 시약의 냄새를 알고자 할 때에는 얼굴을 향하여 손으로 부채질을 하여 냄새를 맡아야 한다.

4) 유리관을 자르고자 할 때에는 유리관의 끝을 버너로 무디게 하고, 반드시 수건으로 싸서 보호해야 한다.
5) 산을 희석할 때에는 진한 산에 물을 부어서는 절대로 아니 된다. 언제나 산을 물에 천천히 저어주면서 조금씩 가하여야 한다.
6) 독성이 있거나 냄새가 좋지 않은 기체가 발생할 때에는 반드시 후드에서 실험을 해야 한다.
7) 시약병에서 시약을 덜어 낼 때에는 반드시 라벨을 잘 읽어서 확인해야 하고, 시약을 깨끗한 비이커, 시험관 또는 시계접시 등에 덜어내야 하며, 시약병을 각 자의 실험대로 가져가서는 아니 된다. 시약은 필요이상의 양을 취하여서는 안 되며, 쓰고 남은 시약은 절대로 원래의 시약병에 넣어서는 아니 된다.
8) 실험실에서는 각자의 의복을 보호하기 위하여 실험가운을 반드시 착용하여야 한다.
9) 종이조각, 성냥개비 또는 물에 녹지 않는 고체물질을 싱크에 버려서는 아니 되며, 실험실 폐기통에 버려야 한다.
10) 눈금이 새겨진 유리 기구, 예로 눈금 실린더나 피펫 등은 절대로 가열해서는 아니 된다.
11) 실험이 끝나면 사용한 기구를 깨끗이 닦고, 준비실에 반납한다.

Ⅴ. 실험실에서 응급치료법

1) 산에 의한 화상의 경우에는 화상을 입은 곳을 즉시 다량의 물로 씻은 다음 묽은 탄산수소나트륨 수용액으로 씻는다. 화상이 심할 때에는 의사가 검진하기 전에 기름이나 그리스를 바르지 않는다.
2) 알칼리에 의한 화상의 경우에는 즉시 다량의 물로 씻은 다음 아주 묽은 초산 수용액으로 씻는다. 화상이 심할 때에는 의사가 검진하기 전에 기름이나 그리스를 바르지 않는다.
3) 페놀에 의한 화상의 경우에는 화상을 입은 곳을 먼저 알코올로 씻고, 화상이 심하지 않으면 붕대로 감는다.

4) 눈에 약품이 들어갔을 경우 알칼리가 눈에 들어갔을 때에는 붕산 세안 액으로 씻고, 산이 눈에 들어갔을 때에는 묽은 탄산수소나트륨 수용액으로 씻는다. 위의 처치를 한 다음 다량의 물로 씻고, 지체 없이 의사의 검진을 받는다.
5) 염소, 브롬 또는 황화수소를 들어 마셨을 경우에는 즉시 앉거나 누워서 깊게 호흡하며, 할로겐을 마셨을 때에는 알코올로 적신 솜뭉치로부터 증기를 흡입하면 기분이 좋아진다. 상당한 양의 증기를 마셨을 때에는 인공호흡과 산소의 흡입이 필요하며, 지체 없이 의사를 불러야 한다.

CHAPTER **02**

실험보고서 작성법

실험보고서는 크게 예비 레포트와 결과 레포트로 나눈다.

Ⅰ. 예비 레포트

1-1. 표지

<table><tr><td>

실험보고서

○ 실험제목 :
○ 일　　시 :
○ 지도교수 :

작 성 자 :
(학년/학번)
실 험 조 :
공동실험자 :

</td></tr></table>

1-2. 서두부분

1) 실험제목, 실험자의 성명, 학년, 학번, 실험조, 공동실험자

2) 목차

3) 실험내용 요약

1-3. 본문부분

1) 서론

실험의 목적, 역사적 고찰, 실험범위 등을 총괄적으로 기술한다.

2) 이론적 배경

실험의 원리 및 실험자료 해석에 필요한 이론과 계산 및 해석의 근거를 명확하게 제시한다.

3) 실험장치 및 방법

실험을 수행함에 있어서 사용한 장치의 원리, 조작방법과 장치의 특성을 자세히 기술하고, 이러한 장치를 사용하여 어떠한 방법으로 실험하였는지를 기록함으로서 다른 사람이 동일한 방법으로 실험을 하였을 경우에도 같은 결과가 얻어질 수 있어야 한다.

Ⅱ. 결과 레포트

1) 서론, 2) 이론적 배경, 3) 실험장치 및 방법은 예비 레포트 작성과 같다.

4) 실험결과 및 고찰

실험에서 얻어진 결과를 표와 그래프로 종합하고, 이 자료를 해석·고찰함으로서 목적하였던 바와 같은지를 검토한다. 동시에 이 결과가 다른 연구자들의 결과와 어떠한 관계가 있는지를 고찰한다.

5) 결론

실험에서 얻어진 종합적인 결론을 내려 평가하고, 문제점을 제시한다.

1-4. 후미부분

1) 기호설명

보고서 작성에 사용한 기호를 알파벳, 그리스어 순으로 정리하고, 설명과 단위를 기록한다.

2) 참고문헌

보고서 내용에 인용 또는 참고한 문헌을 저자의 가나다 순 또는 ABC 순으로 기록한다.

(예 1) 단행본의 경우

1. Henly, E. j. and Rosen, E. M., Material and Energy Balance Computation,
(저 자) (책 이 름)
1st ed., John Wiely & Sons Inc., New York, p.127 (1969).
(판수) (출판사) (출판장소) (인용쪽)(년도)

(예 2) 보문(논문지)의 경우

2. Kim, T. O. and Kang, W. K., "Liquid mixing in a continuous-flow, stirred-tank reactor",
(저 자) (논 문 명)
Int. Chem. Eng., **28**(4), 690-697 (1999).
(잡 지 명) (권)(호) (페이지) (년도)

3) 표와 그림의 작성 예

Table 3. Calculated parameters at standard conditions

Material	Total release rate[kg/s]	Flash fraction [-]	Gas release rate[kg/s]	X_{LFL} [m]	X_{UFL} [m]	Overpressure [kPa]	
						UVCE I	UVCE II
n-Butane	193.958	0.2691	52.193	138.342	56.287	3.233	5.221
n-Pentane	197.315	0.2533	49.972	130.730	53.594	3.468	5.450
n-Hexane	183.671	0.3068	56.346	153.714	54.672	3.934	6.872
n-Heptane	174.967	0.3508	61.375	151.792	57.381	4.347	7.434
Benzene	224.163	0.1931	43.285	141.383	52.555	3.163	5.286
Toluene	198.078	0.2598	51.462	148.878	56.622	3.684	6.248
o-Xylene	183.820	0.3170	58.275	161.669	55.001	4.154	7.485

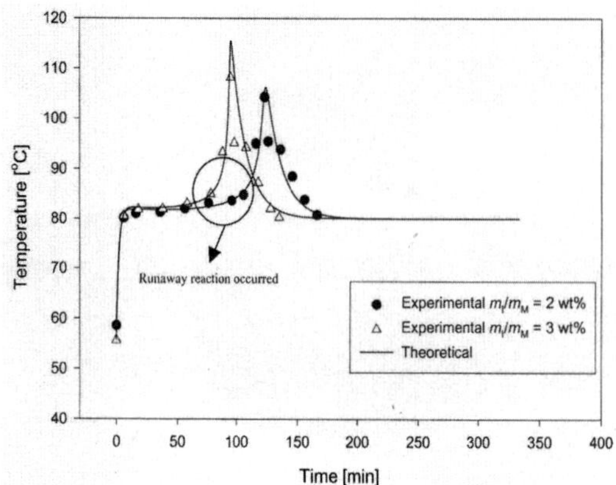

Fig. 3 Comparisons of theoretical and experimental reaction temperature curves

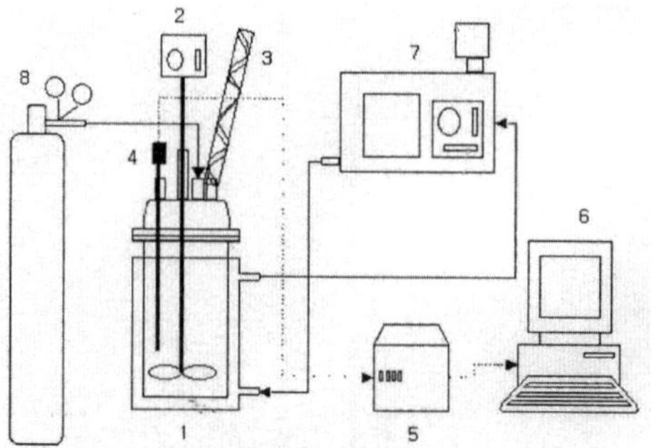

Fig. 2 Schematic diagram of experimental apparatus. 1, double jacket reactor; 2, direct driven stirrer; 3, condenser; 4, thermocouple; 5, reaction calorimeter (RC); 6, personal computer; 7, constant water bath; 8, nitrogen bomb

CHAPTER **03**

실 험

[실험 1] Ⅰ족 양이온의 정성분석 19
[실험 2] Ⅱ족 양이온의 정성분석 27
[실험 3] Ⅲ족 양이온의 정성분석 37
[실험 4] 음이온의 확인 45
[실험 5] 산-염기 적정 53
[실험 6] 용해도곱 상수의 결정 61
[실험 7] 산화 · 환원 적정: 요오드법 적정법 67
[실험 8] 산화 · 환원 적정: 과망간산 적정법 73
[실험 9] 킬레이트 적정: 물의 경도 측정 79
[실험 10] 오렌지 주스의 비타민 C 정량분석 91
[실험 11] 재결정과 거르기 97
[실험 12] 균일촉매 반응 103
[실험 13] 생활 속의 염기 분석 109
[실험 14] 알코올의 정성분석 113
[실험 15] 시계반응 117

실험 1

Ⅰ족 양이온(Ag^{+}, Hg_2^{2+}, Pb^{2+})의 정성분석

1. 목 적

양이온 정성분석은 금속이온의 각종 화학반응(산 · 염기 중화, 산화 · 환원, 침전, 착물 형성 등)을 토대로 혼합용액으로부터 각 이온을 분리시키고, 확인하는 분석방법의 한 종류이다. 따라서 이 방법은 분석을 목적으로 하는 것 이외에 화학반응의 기본개념과 기초화학실험의 조작을 익히는데도 목적이 있다.

본 실험에서는 Ag(Ⅰ), Pb(Ⅱ) 및 Hg(Ⅰ)의 공통점과 차이점을 이용한 정성분석을 이해하고자 한다.

2. 원 리

2-1. 정성분석

앞으로 세 단원에서 실험할 양이온의 정성분석에서는 몇 가지 흔히 볼 수 있는 양이온들에 대해 그들을 혼합용액으로부터 분리하고 확인하는 고전적인 방법을 실험하게 된다. 몇몇 이온들은 공통된 성질을 지니고 있는 까닭에 같은 시약으로 침전시키던가 또는 융해시켜서 이들을 다른 이온들로부터 분리할 수 있는데, 이러한 공통성을 지니고 있는 이온의 무리들을 족(group)이라 부른다. 이온들을 각각의 특성을 이용하여 또 다시 분리하여 검출 또는 확인하게 된다.

첫 번째 족인 Ⅰ족 양이온에 속하는 것은 Ag^{+}, Hg_2^{2+} 및 Pb^{2+} 등이 있으며, 이들은 산성용액에서 염화이온과 반응하여 AgCl, Hg_2Cl_2, $PbCl_2$의 난용성 염화물 침전을 형성하는 공통된 특성이 있다. 따라서 이들 이온들이 존재하는 용액에 HCl을 가하면 침전이 생기고, 이 침전을 걸러내면 다른 이온들과 분리할 수 있는데, 거르기 전의 염산을 적당량 충분히 가해야 한다. 염산을 필요 이상으로 너무 많이 가할 경우에는 AgCl의 침전이 $AgCl_2^-$와 같은 착이온을 형성하면서 얼마간 녹기 때문에 주의하여야 한다.

I 족 이온의 염화물 중에서 PbCl는 뜨거운 물에는 잘 녹기 때문에 이 성질을 이용하면 이것을 다른 염화물과 분리할 수 있다. 위에서 얻은 침전에 뜨거운 물을 가하여 $PbCl_2$를 녹여 낸 용액에 K_2CrO_4 용액을 가하면 CrO_4^{2-}이온과 Pb^{2+} 이온이 반응하여 $PbCrO_4$의 노란색 침전이 생성되므로, Pb^{2+} 이온을 검출할 수 있다.

다른 두 가지 염화물인 AgCl 및 $HgCl_2$의 혼합 침전에는 암모니아수를 가하여 이들을 분리할 수 있는데, 이때 AgCl은 착이온 $Ag(NH_3)_2^+$로 변하여 녹고, Hg_2Cl_2는 암모니아와 반응하여 회색 또는 검은색 침전을 만들기 때문에 Hg^{2+} 이온의 확인반응으로 이용된다. Hg_2Cl_2는 불균화 반응(disproportionation)을 하여 일부는 산화되는 동시에 일부는 환원된다. 이 반응에서 생성되는 물질은 염화아미드수은(Ⅱ), 즉 $HgNH_2Cl$와 금속수은이기 때문에 침전은 회색 또는 검게 보인다.

$Ag(NH_3)_2^+$ 착이온이 들어 있는 무색용액에 질산을 가하면 은·암모니아 착이온이 파괴되어 AgCl의 흰 침전이 다시 나타나기 때문에 Ag^+ 이온을 확인할 수 있다.

2-2. 원심분리기 사용

이 실험의 정성분석과정에 사용한 용액의 양은 비교적 소량을 취하여 반미량 정성분석(semi-micro-qualitative analysis)에서 사용하는 양에 준하였다. 원심분리기를 사용하면 침전을 거르는데 시간을 절약할 수 있고, 분석을 보다 정확하게 할 수 있다.

2-3. 침전의 분리 및 거르기

침전을 용액으로부터 분리하는 데는 원심분리기(centrifuge)를 사용하든가 진공여과(vacuum filtration)를 하여 시간을 절약하는데, 전자는 분리시간이 2~3분 정도로 신속하여 좋다. 원심분리로 침전을 분리할 때에는 반드시 검체가 들어 있는 원심분리 시험관과 정반대 쪽에 같은 양의 물을 넣은 시험관을 걸러서 균형을 잡아주어야 한다.

검체가 짝수이면 그들만으로 정반대 쪽에 놓아 조작할 수 있으나, 검체가 홀수이면 반드시 물만 넣은 시험관을 반대편에 걸러서 균형을 잡아야 한다.

2-4. 침전을 씻는 방법

분석과정에서 침전을 씻는 일은 매우 중요하다. 그렇지 않으면 용액 중에 들어있는 다른 이온에 의하여 오염되어 분석결과를 판단하는 데 곤란을 일으키는 원인이 된다. 원심분리로 침전을 가라앉힌 다음에 위의 용액을 적하피펫으로 빨아낸다. 거른 액이 다음 실험과정에 필요할 때에는 표지를 붙여서 보관한다.

침전을 용액으로부터 분리한 다음에는 이것을 씻어야 하는데, 이때는 증류수 약 0.5 ml를 넣고, 젓개로 침전을 잘 저어준 다음 다시 원심분리기로 침전을 분리한다. 이렇게 두 번만 씻으면 보통 충분하다. 때로는 어떤 특종의 이온을 완전히 제거해야 되는데, 이때는 씻어낸 용액(washing)을 검사하여 그 이온이 없음을 확인해야 한다.

2-5. 적하 피펫

이것은 적당한 굵기의 유리관을 써서 유리 공작하여 만든다. 좁은 부분의 굵기는 약 2 mm 정도이고, 끝은 좀 더 가늘다. 굵은 부분의 길이는 적당한(약 3 cm)하되, 좁은 부분은 약 8~10 cm 정도로 원심 분리관의 바닥까지 충분히 닿는다. 적하 피펫은 주로 침전을 여과할 때 쓰는데, 원심분리한 침전 위의 용액을 이것으로 뽑을 때에는 원심분리관을 약간 비스듬히 쥐고, 피펫의 끝은 액면 바로 밑에 오게 하여야 침전이 따라 올라올 염려가 적다.

2-6. 교반기(젓개)

침전을 저을 때에는 지름 1.5~2 mm정도의 가느다란 유리막대(젓개)로 저어준다. 그 길이는 10~11 cm 정도로 하면 원심분리관의 밑바닥까지 넉넉히 미칠 수 있고, 한 끝의 약 1 cm 정도는 45° 각도로 구부려서 손잡이로 하면 편리하다. 또는 magnetic stirrer나 경우에 따라 hot magnetic stirrer를 쓰거나 vortex mixer를 사용한다.

3. 기구 및 시약

1) 기구 : 원심분리기, 원심분리기 시험관(6개), magnetic stirrer(원심분리용), 적하피펫, 지시약병(50 ml), 갈색 지시약병(50 ml)($AgNO_3$용), 리트머스 시험지, water bath, 전열기(500 W), 씻기병, 시험관용 솔, 시험관 집게

2) 시약 : 0.1 M $AgNO_3$, 0.1 M $Hg_2(NO_3)_2$, 0.1 M $Pb(NO_3)_2$, 6 M HCl, 1 M K_2CrO_4, 6 M HNO_3, 6 M CH_3COOH, 6 M NH_4OH

4. 실험방법

4-1. Ⅰ족 양이온의 침전

1) Ag^+, Hg_2^{2+}, Pb^{2+}의 질산염의 용액(각각 0.1 M 정도) 1 ml씩을 취하여 1개의 시험관에 넣어 혼합용액을 만든다.

2) 이 혼합용액 1 ml를 원심분리용 시험관에 넣고, 6 M HCl 2방울을 가하여 분리용 리승험관에 원심분리기에 걸어Cl 2방울을 가하여 때, 같은 양의 물2방넣은 시험관아 원심분리기의 반대쪽에 걸어서 균형아 잡아줬야 하는 것아 잊어서는 안 된다.

3) 침전반응이 완결되었는가를 확인하기 위해 원심분리한 시료용액에 6 M HCl 1방울을 가하고, 침전이 또 생기면 다시 원심분리기에서 걸러야 된다.

4) 윗부분의 맑은 용액을 조용히 기울여 따라 내든가 또는 스포이드로 조용히 뽑아내면 침전만을 얻을 수 있다. 만일 따라낸 용액 중에 다른 족 이온들이 들어 있을 경우에는 다음 단계와 실험을 위하여 잘 보관해두어야 한다.

4-2. Pb^{2+}의 분리 및 확인

1) 우선 Ⅰ족 이온 이외의 다른 족 이온들을 완전히 제거하기 위하여 침전을 잘 씻어내야 된다. 그러기 위해서는 차가운 증류수 2~3 ml를 침전이 들어있는 시험관에 넣고, 가느다란 유리막대로 잘 저어 준 다음 원심분리기에 걸러서 씻은 액

은 버린다. 이렇게 2~3회 정도 씻어내면 다른 족 이온들은 완전히 제거된다(실제 시료의 경우에 해당함).

2) 증류수 1 ml를 침전이 들어있는 시험관에 넣고, 이 시험관을 끓는 물속에 몇 분 동안 담가서 가열한 후 유리막대로 저어준다.
3) 이 뜨거운 용액을 원심분리기에 걸러서 위 부분의 맑은 용액은 빨리 다른 시험관에 따라낸다.
4) 침전은 잘 보관한다.
5) 뜨거운 물로 추출한 용액에 6 M 초산 1방울을 가하고, 다시 1 M K_2CrO_4용액 2~3 방울을 떨어뜨린다. Pb^{2+}이온이 있으면 $PbCrO_4$의 노란색 침전이 생길 것이다.

4-3. Hg_2^+의 분리 및 확인

1) 4-2절에서 남은 침전을 뜨거운 물로 다시 한 번 씻어서 씻은 액은 버리고, 침전에 6 M NH_3용액 10 방울을 가하여 잘 저어준다.
2) 이것을 원심분리하여 윗부분의 용액을 다른 시험관에 따라낸다. 이때, 회색 또는 검은 침전이 생기면 금속수은이 생긴 것이므로, Hg_2^{2+}이온의 존재를 확인할 수 있다.

4-4. Ag^+의 검출

1) 4-3에서 얻은 용액에 6 M HNO_3를 가하여 산성으로 만들어 리트머스 시험지로 확인한다. 이때, 젓개에 용액을 찍어서 리트머스 시험지에 묻혀보면 된다.
2) 용액을 산성으로 만들었을 때 흰 침전이 생기면 Ag^+이온이 있다는 증거가 된다.

※ 참고사항

1. 원심분리관에는 표지를 붙여서 혼동이 일어나지 않도록 한다.
2. 원심분리기의 사용법을 조교선생님으로부터 충분히 설명을 듣고, 실험한다.
3. 여기서 족(group)을 주기표의 족과 혼동하지 않도록 한다.
4. 시간이 허락되면 조교선생님으로부터 미지시료를 받아 분석하여 보아라.
5. $AgNO_3$는 빛에 의해 환원되므로, 갈색 지시약병에 보관한다.
6. 시간이 허락하면 지도교수로부터 미지시료를 받아 분석하여 보아라.

5. 보고서 작성

1) Ⅰ족 양이온의 계통분석표를 만들어라.
2) Ⅰ족 양이온이 들어있는 용액을 분석할 때 관찰한 사항.
3) 관련된 화학 반응식을 구하라.
4) 다음의 화학반응식의 계수를 맞추어라.
   a) Hg_2^{2+}의 염화물이 생기는 반응
   b) Pb^{2+}의 확인반응
   c) AgCl이 암모니아와 작용하여 녹는 반응
   d) $Ag(NH_3)_2^+$용액에서 AgCl침전이 생기는 반응
5) 실험을 할 때에는 <u>**6. 데이터 처리**</u> 쪽에 필기구로 작성하고, 보고서를 작성할 때에는 <u>**6. 데이터 처리**</u> 쪽을 잘라내어 보고서에 붙여 보고서를 제출한다.

6. 데이터 처리

1)

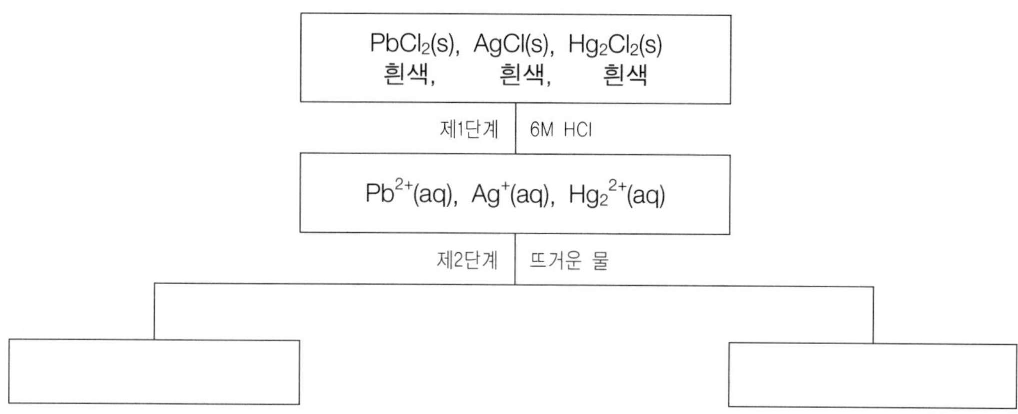

2), 3)

단계	관 측 사 항(화학반응식 포함)
1)	
2)	
3)	
4)	
:	

절 취 선

실험 2

Ⅱ족 양이온(Bi^{3+}, Sn^{4+}, Sb^{3+}, Cu^{2+})의 정성분석

1. 목 적

금속이온 중 몇 가지는 침전상태의 화합물을 형성하는데, 산성에서 침전이 되는 양이온 무리(Hg^{2+}, Pb^{2+}, Cu^{2+}, Cd^{2+}, Bi^{3+}, $Sn^{2+,4+}$, $Sb^{3+,5+}$, $As^{3+,5+}$)를 양이온 Ⅱ족이라 하고, Ⅲ족과 구별한다.

본 실험에서는 Ⅱ족에서도 다시 서로 구별이 될 수 있는 Cu^{2+}, Bi^{3+}, Sn^{4+}, Cu^{2+}의 4가지 이온만을 택하여 각각을 정성분석하는 방법을 이해하려고 한다.

2. 원 리

Ⅱ족에 속하는 양이온인 Bi3+, Sn4+, Sb3+, Cu2+의 황화물은 pH 0.5에서도 용해되지 아니하므로, pH를 잘 조절해 놓고, H_2S기체를 통하여 포화시키면 이 이온들을 황화물의 만들어서 다른 이온들과 분리할 수 있다.

H_2S의 포화용액의 $[H_2S]$는 약 0.1M정도이며, 약한 산성을 띈다.

$$H_2S \leftrightarrow H^+ + HS^- \qquad K_1 = 1 \times 10^{-7}$$
$$HS^- \leftrightarrow H^+ + S^{2-} \qquad K_2 = 1 \times 10^{-15}$$
$$H_2S \leftrightarrow 2H^+ + S^{2-} \qquad K_3 = K_1 \times K_2 = 1 \times 10^{-22}$$

H_2S용액에 HCl와 같은 산을 가하여 pH 1로 만들 경우 위의 마지막 식을 이용하여 계산하면 $[S^{2-}]$는 약 1×10^{-20}이다. 그러나 H_2S 포화용액에 NH_3를 가하여 pH 9로 만

들면 $[S^{2-}]$는 약 1×10^{-14}이다.

H_2S 기체를 발생시켜서 통하여 주는 대신 소량의 티오아세트아미드(CH_3CSNH_2)를 가하여 끓이면 냄새도 덜 나고, 침전도 잘 가라앉기 때문에 간편하고 좋다.

CH_3CSNH_2가 수용액 중에서 가수분해되는 반응은 다음과 같다.

$$CH_3CSNH_2 + 2H_2O \leftrightarrow H_2S(aq) + CH_3COO^-(aq) + NH_4^+(aq)$$

Ⅱ족 양이온의 네 가지 황화물의 혼합물을 황화이온이 함유된 알칼리 용액으로 추출하면 두 가지 무리로 나뉜다. 이때, 주석 및 안티몬의 황화물은 $Sn(OH)_6^{2-}$, $Sb(OH)_4^-$의 꼴로 되거나 또는 SnS_3^{2-}, SbS_3^{2-}의 꼴로 되어 녹는다. 따라서 이들은 Bi^{3+} 및 Cu^{2+}의 황화물과 분리할 수 있다. 이렇게 분리한 용액에 HCl을 가하여 산성으로 만든 다음 CH_3CSNH_2로 처리하면 다시 황화물의 침전이 생긴다. 재 침전시킨 Sb_2S_3 및 SnS_2를 진한 염산으로 처리하면 클로로 착물이 되어 녹는데, 이 용액을 적당한 검출법을 써서 시험하면 그들의 존재를 확인할 수 있다.

주석은 수용액 중에서 +2및 +4의 산화상태로 존재할 수 있으므로, 이것을 이용하여 주석의 확인시험을 할 수 있다. Sn^{4+}의 산성용액에 금속 Al을 가하면 Sn^{2+}로 환원되는데, 이 용액에 $HgCl_2$용액을 가하면 산화 · 환원 반응이 일어나서 Hg 또는 Hg_2Cl_2로 변하여 검은색 또는 회색의 침전이 생긴다.

Sb^{3+}와 Sn^{4+}의 염화물을 함유하는 용액에 옥살산을 가하면 아주 안정한 착물이 생성되는데, 여기에 황화이온을 가하면 선명한 주황색의 Sb_2S_3의 침전이 생기므로, Sb^{3+}이온을 검출할 수 있다.

나머지 2가지 황화물을 함유하는 즉 CuS와 Bi_2S_3는 HNO_3와 같은 센 산화제에만 녹는다. HNO_3는 이들을 산화시켜 황을 단체 상태로 유리시키며, 오랫동안 가열하면 황산에서와 같은 산화상태에 까지 도달한다. 그러나 양이온은 그 산화상태가 변하지 않은 채 용액 내에 남아있는데, 이 용액에 암모니아를 가하면 Cu는 진한 남색의 $Cu(NH_3)_2^{2+}$ 착이온이 되어 녹고, 수산화비스무트(Ⅲ)는 침전이 되어 떨어진다. 수산화비스무트를 염산으로 처리하면 녹아버리는데, 이 용액을 증류수로 묽히면 BiOCl의 흰 침전을 생긴다.

※ 참고사항

1. 모든 시약은 스포이드가 붙은 지시약병에 넣어서 몇 조가 공동으로 사용하면 된다.
2. 가수분해로 인하여 잘 녹지 않는 시약은 6M HCl을 가하여 용해시켜서 쓰면 된다.
3. H_2S는 유독하므로, 티오아세트아마이드나 Na_2S로 대치하는 것을 검토한다.

3. 기구 및 시약

1) 기구 : 원심분리기, 원심분리 시험관, 시험관 집게, magnetic stirrer, water bath, 전열기(500 W), 씻기병(wash bottle), 시험관용 솔, 비이커(100 ml), 눈금실린더(10 ml), 리트머스 시험지, 거름종이, 지시약병(50 ml)

2) 시약 : 15 M NH_3, 6 M HNO_3, 1 M NH_4Cl, 0.1 M $HgCl_2$, 옥살산(oxalic acid), 1 M thioacetamide, 알루미늄 호일, 메틸바이올렛 지시약(또는 시험지), 0.3 M · 6 M HCl, 6 M KOH

0.1 M Sn^{4+}, 0.1 M Sb^{3+}
0.1 M Cu^{2+}, 0.1 M Bi^{3+}] 질산염 또는 염화물을 사용.

4. 실험방법

4-1. 용액의 pH 조절

1) Ⅱ족 양이온인 Bi^{3+}, Sn^{4+}, Sb^{3+}, Cu^{2+}의 질산염물이나 염화물을 물에 녹여 각각 0.1 M 용액을 준비한다.
2) 이 용액들을 1 ml씩 섞어서 그 혼합용액 1 ml를 취하여 원심분리용 시험관에 넣고, 여기에 15 M NH_3용액을 떨어뜨려 겨우 염기성이 되게 한다.

3) 유리막대에 용액을 찍어 리트머스 종이에 묻혀서 용액이 염기성으로 되었는가를 확인한다. 이렇게 하면 주석, 비스무트 및 안티몬의 옥시염화물(oxychloride)의 흰 침전이 생성된다.
4) 다음, 용액 1 ml에 대하여 한 방울의 비율로 6 M HCl을 가하면 pH가 약 0.5가 된다. 이것을 확인하려면 메틸 바이올렛 지시약 종이에 용액의 색깔을 0.3 M(pH 0.5)을 묻혔을 때의 색깔을 표준으로 비교해 보면 된다. 지시약 시험지는 거름종이에 메틸바이올렛 용액을 묻혀서 말린 것을 쓰면 된다. 메틸바이올렛은 pH 0.5에서 청록색으로 변하므로, 시료용액에 HCl과 NH_3를 적당히 가하여 0.3 M HCl의 경우와 같은 식이 되도록 하면 그 pH를 조절할 수 있다.

4-2. II족 황화물의 침전

1) pH 0.5로 조절한 시료용액에 1 M 티오아세트아미드 용액 15~20 방울을 넣고, 물중탕에서 5분간 가열한다.
2) 이것을 원심분리하여 위층의 맑은 용액은 다른 시험관에 따라 옮기고, 이 거른 액에 다시 티오아세트아미드 용액 2방울을 가하여 1분간 방치함으로써 침전반응이 완결되었는가를 검사한다.
3) 침전이 생길 경우에는 이 용액을 침전이 들어 있는 원래의 시험관에 옮기고, 티오아세트아미드 용액 2~3방울을 더 가한 후 물중탕에서 끓인 후 원심 분리한다.
4) 위층의 맑은 액은 Ⅲ족 이온의 분석에 필요한 경우에는 잘 보관해 두어야 한다.
5) 침전은 1 M NH_4Cl용액으로 씻는다. 그러기 위해서는 NH_4Cl용액 1 ml를 침전에 가하고, 잘 저어준 다음 물중탕에서 끓인 후 원심분리하고, 씻은 액은 버린다.

4-3. II족 황화물의 분리

1) 황화물 침전에 6 M KOH 15방울과 물 2 ml 및 티오아세트아미드 용액 3방울을 가한 후 잘 저어 주면서 물중탕에서 5분간 가열한다.
2) 이것을 원심분리하여 위층의 용액은 다른 시험관에 조용히 따라 옮긴다.
3) 남아 있는 침전은 물 5방울로 씻고, 씻은 액은 앞서 받아 놓은 용액에 합친다.

이렇게 하면 주석과 안티몬은 착이온이 되어 용액 속에 들어가고, 구리와 비스무트는 황화물의 침전상태로 남아 있게 된다.

4) 침전은 다음 분석을 위하여 보관한다.

4-4. SnS_2 및 Sb_2S_3의 재침전

1) 4-3절에서 얻은 용액에 6 M HCl을 가함으로써 리트머스 시험지로 검사하였을 시 산성이 되게 한다(검사하라). 이러면 주석과 안티몬의 일부는 다시 주홍색 침전으로 떨어진다.
2) 여기에 티오아세트아미드 용액 5방울을 가하여 끓은 물중탕에서 가열한 다음 원심분리하고, 위층의 용액은 버린다.

4-5. SnS_2 및 Sb_2S_3의 용해

1) 4-4절에서 얻은 침전에 6 M HCl 10~15방울을 가하고, 끓는 물중탕에서 5분간 가열하여 침전물을 녹인다.
2) 이 시험관을 공기중탕(빈 비이커) 속에서 몇 분 동안 가열함으로써 천천히 끓게 하여 H_2S를 날려 보낸다.
3) 이것 중에서 원심분리하고, 녹지 않은 황의 찌꺼기는 버린다.

4-6. 주석의 존재 확인

1) 4-5절에서 얻은 용액을 반으로 나누어 한쪽 반에 알루미늄 조각(알루미늄 호일)과 6 M HCl 1 ml를 가한다. Sn^{4+}이온이 존재하면 Al에 의하여 환원되어 Sn^{2+}로 된다.
2) 이 용액을 끓는 물중탕에서 5분간 가열한 후 원심분리하여 용액을 따라낸다. 이때, 검은 찌꺼기가 남아 있으면 안티몬이 존재함을 의미한다.
3) 이 용액에 0.1 M $HgCl_2$용액 2~3방울 가하여 회색 또는 검은색 침전이 생기면 주석의 존재를 확인할 수 있다. 이것은 산화 · 환원 반응으로 인하여 Hg_2Cl_2와 Hg가 생긴 결과이다.

4-7. 안티몬의 검출

1) 4-6절에서 얻은 용액의 나머지 반에 증류수 5 ml와 옥살산 0.5 g를 가한다. 옥살산이 잘 녹지 않거든 슬쩍 가열하여 침전을 완전히 녹인다.
2) 옥살산이 Sn^{4+}와 더불어 대단히 안정한 착이온을 형성한다.
3) 여기에 티오아세트아미드 용액 10방울을 넣고, 물중탕에서 가열한다. 주황색침전(Sb_2S_3)이 생성되면 안티몬이 검출된 증거이다.

4-8. CuS 및 Bi_2S_2의 용해

1) 4-3절에서 남은 황화물 침전에 6 M HNO_3 30방울을 가하고, 천천히 가열하여 침전을 완전히 녹인다.
2) 이것을 원심분리하여 황을 제거하고, 위층의 용액은 작은 비이커에 따라내어 약 0.5 ml로 될 때까지 증발시킨다.

4-9. Cu^{2+}, Bi^{3+}의 분리 및 Cu^{2+}의 확인

1) 4-8절에서 얻은 용액에 6 M NH_3용액을 가하여 리트머스시험지로 겨우 염기성을 나타내게 한 다음 2~3방울 더 가한다. 이때, 진한 푸른색이 나타나면 $Cu(NH_3)_4^{2+}$착이온의 생성을 의미하므로, 구리(Cu)를 확인할 수 있다.

4-10. SnS_2 및 Sb_2S_3의 재침전

1) 4-9절에서 NH_3용액을 가할 때에 흰 침전이 생기면 이것은 $Bi(OH)_3$일 것이다. Bi^{3+}를 검출하기 위해서는 4-9에서 얻은 용액을 원심분리하여 위층의 용액은 버리고, 이때 얻은 침전에 6 M HCl 5방울을 가하여 녹인다.
2) 녹지 않은 찌꺼기(황)가 있으면 원심분리하여 제거한다.
3) 이 용액을 약 100 ml 정도의 차가운 증류수에 넣어서 흰 침전이 생기면 비스무트가 검출된 것이다. 이 침전은 BiOCl이다.

※ 참고사항

이상의 분석과정을 이용하면 여러 가지 양이온이 공존하는 미지시료 중에서 Ⅰ족 양이온을 제거 한 나머지 용액에서 다시 Ⅱ족 양이온을 분리하여 분석할 수 있다. 시간이 허락되면 지도조교로부터 미지시료를 받아 Ⅱ족 양이온을 분석하여 보아라.

5. 보고서 작성

1) Ⅱ족 양이온의 계통분석표를 작성하여라.
2) Ⅱ족 양이온이 들어있는 용액을 분석할 때 관찰한 사항.
3) 관련된 화학 반응식을 구하라.
4) 다음 반응의 알짜 이온반응식의 계수를 맞추어라.
   a) H_2S에 의한 황화비스무트의 침전반응
   b) 주석을 확인하는 실험에 대한 반응
   c) 구리를 확인하는 실험에 대한 반응
   d) Bi_2S_3가 뜨거운 질산에 녹는 반응
5) 실험을 할 때에는 **6. 데이터 처리** 쪽에 필기구로 작성하고, 보고서를 작성할 때에는 **6. 데이터 처리** 쪽을 잘라내어 보고서에 붙여 보고서를 제출한다.

절
취
선

6. 데이터 처리

1)

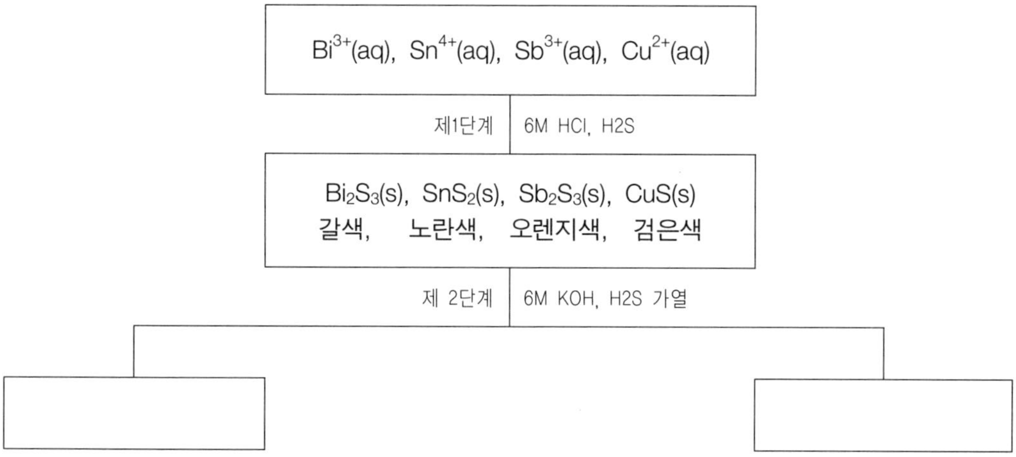

$Bi^{3+}(aq)$, $Sn^{4+}(aq)$, $Sb^{3+}(aq)$, $Cu^{2+}(aq)$

제1단계 | 6M HCl, H2S

$Bi_2S_3(s)$, $SnS_2(s)$, $Sb_2S_3(s)$, $CuS(s)$
갈색, 노란색, 오렌지색, 검은색

제 2단계 | 6M KOH, H2S 가열

2),3)

단계	관 측 사 항(화학반응식 포함)
1)	
2)	
3)	
4)	
:	

실험 3 Ⅲ족 양이온(Cr^{3+}, Al^{3+}, Fe^{3+}, Ni^{2+})의 정성분석

1. 목 적

산성에서는 황화물 침전이 되지 않아 양이온 Ⅱ족과 구별되며, 염기성에서 수산화물을 형성하는 Cr^{3+}, Al^{3+}, Fe^{3+} 및 Ni^{2+}를 양이온 Ⅲ족이라 하는데, 여기서는 특히 확인반응에 착염 형성반응이 응용됨을 배울 수 있다.

2. 원 리

양이온 Ⅲ족에 속하는 이온인 Cr^{3+}, Al^{3+}, Fe^{3+} 및 Ni^{2+} 등은 NH_4OH, NH_4Cl과 $(NH_4)2S$를 포함하는 용액에서 침전이 된다. 이 과정에서 Cr^{3+}과 Al^{3+}은 수산화물로 Fe^{3+}와 Ni^{2+}는 황화물의 침전을 만든다. 이들의 황화물은 Ⅱ족 이온보다 훨씬 잘 녹기 때문에 산성용액 중에서는 H_2S를 포화시켜도 침전되지 않는다.

Ⅲ족 이온을 분석함에 있어서는 우선 이들의 용액에 과산화수소를 넣고, 수산화나트륨으로 처리하여 가열한다. 그러면 크롬(Ⅲ)은 CrO_4^{2-}으로 산화되고, 알루미늄(Ⅲ)은 $Al(OH)_4^-$와 같은 수산화 착물이온을 형성하여 크롬산이온과 함께 용액 속에 남아 있게 된다. 한편, 철(Ⅲ) 및 니켈(Ⅱ)은 각각 $Fe(OH)_3$, $Ni(OH)_2$의 침전으로 떨어지는데, 이러한 수산화물은 $Al(OH)_3$와 달라서 양쪽성이 아닌 까닭에 센 염기성 용액에서도 침전된다.

이 용액을 산성으로 만들고, 암모니아를 가하면 $Al(OH)_3$의 침전이 다시 생기게 되므로, Cr(Ⅳ)는 Al(Ⅲ)과 분리된다. 이 CrO_4^{2-} 용액에 $BaCl_2$ 용액을 가하면 $BaCrO_4$의 노란색 침전이 떨어진다. $BaCrO_4$의 침전을 HNO_3에 녹이면 $Cr_2O_7^{2-}$로 되어 주황색

용액이 되는데, 이 용액에 H_2O_2를 가하면 진한 푸른색을 띠게 된다. 이것은 아마도 CrO_5와 같은 과산화물이 생성된 때문이라 생각되는데, 이러한 현상은 시료 중에 존재하는 크롬의 존재를 확인하는데 이용된다. 여기에 디에틸에테르를 가하면 푸른색의 화학종을 추출할 수 있다. 시료 중의 알루미늄을 확인하려면 젤라틴 모양의 수산화물을 물에 녹여 놓고, 이때 생긴 침전상태의 수산화알루미늄에 알루미논(aluminon) 시약을 가하여 붉은 레이크(lake)가 생성되는 것을 보면 된다.

$Ni(OH)_2$ 및 $Fe(OH)_3$의 혼합침전을 HNO_3로 용해시킨 다음 NH_3를 가하면 $Fe(OH)_3$가 다시 침전되는 동시에 니켈은 $Ni(NH_3)_6^{2+}$의 착이온으로 되어 녹는다. 용액 중의 니켈을 디메틸글리옥심(dimethylglyoxime, $C_4H_8N_2O_2$, H_2DMG)을 가하여 검출하는데, 이 유기침전제는 니켈과 반응하여 진한 분홍색의 침전 $NiC_8H_{14}N_4O_4$ [$Ni(HDMG)_2$]를 생성한다. 철은 $Fe(OH)_3$침전을 HCl에 녹여서 생긴 용액에 KSCN용액에 가하면 생기는 짙은 붉은색으로 검출한다. 이 색은 $FeSCN^{2+}$또는 이와 유사한 착이온 화학종의 생성으로 인한 것이다.

3. 기구 및 시약

1) 기구 : 원심분리기, 원심분리용 시험관, 시험관용 솔, 유리젓개, 비커(50 ml), 시험관 집게, 지시약병(50 ml)

2) 시약 : 30% H_2O_2, 6 M NaOH, 6 M · 6 M HNO_3, 1 M $BaCl_2$, 6 M NH_3, 6 M HCl, 0.5 M KSCN, 1 M NH_4Cl, dimethylglyoxime, aluminon 시약, 디에틸에테르

0.1 M Fe^{3+}, 0.1 M Al^{3+}
0.1 M Cr^{3+}, 0.1 M Ni^{2+}] 질산염 또는 염화물을 사용

※ 참고사항

1. 모든 시약은 스포이드가 붙은 지시약병에 넣어서 몇 개의 조가 공동으로 사용하도록 한다.
2. aluminon 시약 : ammonium aurintricarboxylate 1 g를 1 L의 물에 녹여서 만든다.
3. dimethylglyoxime 용액 : 95% EtOH 1 L에 12 g의 dimethlglyoxime을 녹여서 만든다.

4. 실험방법

4-1. 혼합용액 준비

1) Ⅱ족 양이온을 제거하고 남은 용액을 사용할 경우에는 이 용액을 작은 비이커(50 ml)에 넣고 끓여서 H_2S와 남아있는 산을 날려 보내되, 용액의 부피가 1 ml 정도 되게 증발시킨다. 황의 찌꺼기가 남아 있으면 원심분리기에 걸러서 제거한다.
2) Ⅲ족 이온들의 혼합용액을 직접 사용하고자 할 경우에는 각각 0.1 M의 Cr^{3+}, Al^{3+}, Fe^{3+}, Ni^{2+}용액을 1 ml씩 혼합하여, 그 혼합용액 1 ml를 취하여 사용한다.

4-2. Cr(Ⅲ)의 Cr(Ⅳ)으로 산화 및 난용성 수화물의 분리

1) 시료용액 1 ml를 작은 시험관에 넣고, 3% H_2O_2 3방울을 가한 다음 6 M NaOH 15방울을 가하여 용액을 센 염기성으로 만든다.
2) 이것을 1분간 저어준 다음 조심스럽게 끓여서 여분으로 넣은 H_2O_2를 모두 제거한다. H_2O_2가 모두 분해되면 용액이 갑자기 끓어올라서 튀는 수가 있다.
3) Cr(Ⅲ)이 산화되기 시작하면 용액은 노란색으로 변할 것이다. 그렇게 되지 않으면 3방울의 H_2O_2를 더 가하고, 조심하여 다시 끓인 후 원심분리하여 위층의 용

액을 조용히 따라낸다. 침전에는 철과 니켈의 수산화물이 들어 있고, 용액에는 크롬과 알루미늄[CrO_4^{2-} 및 $Al(OH)_4^-$]가 들어 있다.

4) 다음 실험을 위하여 침전과 용액을 각각 보관한다.

4-3. Al과 Cr의 분리 및 알루미늄의 검출

1) 4-2절에서 보관해 두었던 용액에 산성이 될 때까지 다시 6 M HNO_3를 한 방울씩 떨어뜨린다(리트머스로 시험하여라).
2) 이 용액이 염기성이 될 때까지 다시 6 M NH_3를 떨어뜨린다. 그러면 Al^{3+}는 $Al(OH)_3$으로 되어 젤라틴 모양의 침전이 되는데, 이 침전이 노란색을 띠는 것은 CrO_4^{2-}이온의 색깔 때문이다.
3) 이것을 원심분리하여 CrO_4^{2-}가 들어 있는 용액은 다음 실험을 위하여 보관한다.
4) 침전을 1 ml의 뜨거운 물로 씻고, 씻은 액은 버린다.
5) 이 침전에 6 M HNO3 몇 방울을 가하여 녹이고, 불용성 물질은 원심분리하여 제거한다.
6) 이 용액에 알루미논(aluminon)용액 2~3방울을 넣고, 잘 저어준 다음 6 M NH_3를 가하면 약간 알칼리성으로 되는데, 이때 생기는 붉은색 침전은 알루미늄이 존재한다는 증거가 되는데, 알루미논이 $Al(OH)_3$에 흡수되어 생기는 레이크 때문이다.

4-4. 크롬의 확인

1) 4-3절에서 보관했던 용액에 1 M $BaCl_2$를 가하면 $BaCrO_4$의 노란 침전이 생기는데, 침전반응이 느리면 시험관을 물중탕에서 끓인다.
2) 이것을 원심분리하여 위층의 용액을 따라 낸다.
3) 침전을 6 M HNO_3 3방울로 녹이고, 1분 동안 조용히 가열하면서 저어준다.
4) 여기에 물 4방울을 넣고, 찬물로 식힌 후 3% H_2O_2 1방울과 디에틸에테르 2방울을 가한다.
5) 시험관을 방치하여 액이 두 층으로 갈라지게 둔다. 에테르 층에 생기는 푸른색은

곧 퇴색 되지만, 이 현상은 크롬의 확인에 쓰인다.

4-5. Ni^{2+}과 Fe^{2+}의 분리

1) 4-2절에서 얻은 침전에 6 M HNO_3 15방울을 가하고, 끓는 물중탕에서 가열하여 완전히 용해시킨다.
2) 이것을 냉각시켜 1 M NH_4Cl 10방울을 가한 후 용액이 리트머스에 대하여 알칼리성을 나타낼 때까지 6 M NH_3를 떨어뜨린다. 그러면 철은 $Fe(OH)_3$의 갈색 침전으로 된다.
3) 여기서 NH_3를 4~5방울쯤 더 가하여 잘 저어주면 니켈은 $Ni(NH_3)_6{}^{2+}$꼴로 되어 녹아 있게 된다.
4) 이것을 원심분리하여 용액과 침전을 각각 보관한다.

4-6. Ni^{2+}의 확인

1) 4-5절에서 보관했던 용액에 디메틸글리옥심 4방울을 가하여 붉은 침전이 생기면 니켈이 있다는 증거다.

4-7. Fe^{3+}의 확인

1) 4-5절에서 얻은 침전을 0.5 ml의 6 M HCl로 녹이고, 이것을 2 ml의 물로 묽힌 다음 0.5 M KSCN 2방울을 가한다. 붉은 적색이 나타나면 Fe^{3+}가 존재함을 나타낸다.

※ 참고사항

이상과 같은 분석절차를 이용하면 여러 가지 금속 양이온이 공존하는 미지시료에서 Ⅰ족 및 Ⅱ족 양이온들을 차례로 제거하고, 남은 용액에서 다시 Ⅲ족 양이온을 분리하여 분석할 수 있다. 시간이 허락되면 지도조교로부터 미지시료 용액을 받아 Ⅲ족 양이온을 분석하여 보아라.

5. 보고서 작성

1) Ⅲ족 이온의 계통분석표를 작성하여라.
2) 모든 Ⅲ족 양이온이 들어있는 용액을 분석할 때 관찰한 사항.
3) 관련된 화학반응식을 구하여라.
4) 다음 반응의 계수를 맞춘 알짜 이온반응식을 적어라.
   a) 염산에 $Ni(OH)_2$가 녹는 반응
   b) 알칼리성 용액에서 Cr^{3+}가 H_2O_2에 의하여 CrO_4^{2-}로 산화되는 반응
   c) Fe^{3+}의 확인시험
   d) $Al(OH)_3$가 과량의 OH^-에 녹는 반응
5) 실험을 할 때에는 <u>**6. 데이터 처리**</u> 쪽에 필기구로 작성하고, 보고서를 작성할 때에는 <u>**6. 데이터 처리**</u> 쪽을 잘라내어 보고서에 붙여 보고서를 제출한다.

6. 데이터 처리

1)

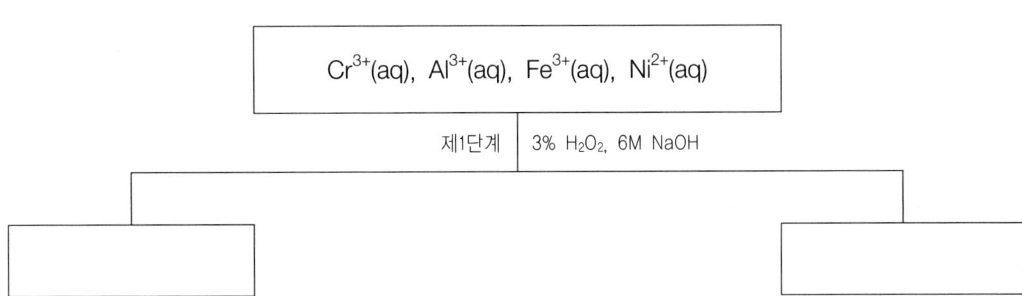

2),3)

단계	관 측 사 항(화학반응식 포함)
1)	
2)	
3)	
:	

절취선

실험 4

음이온의 확인

1. 목 적

음이온들의 정성분석법은 거의 양이온 정성분석에 이용한 반응을 거꾸로 생각하면 가능하다. 여기서는 대표적인 음이온을 점적시험(spot test)방법으로 검출·확인하는 방법을 다룬다.

2. 원 리

분석화학(analytical chemistry)은 정량분석(quantitative analysis)과 정성분석(qualitative analysis)으로 나눌 수 있다. 전자는 시료(sample)에 들어있는 성분 화학종의 양을 측정하는 방법이고, 후자는 시료 중에 검출될 수 있는 화학종이 무엇인가를 알아내는 방법이다.

정성분석에는 여러 가지가 있으나, 여기서는 간단한 점적시험(spot test)법으로서 포함된 성분을 검출·확인한다. 이 방법은 시료중의 한 성분을 검출하기 위하여 소량의 시료용액에 특정시약을 떨어뜨려서 그 성분 화학종과 특유한 반응을 일으키게 함으로써 어떤 성분이 포함되어 있는가를 확인하는 방법이다. 이 방법의 결점은 여러 가지 성분이 섞여 있는 복잡한 혼합시료인 경우에는 한 성분이 다른 성분의 검출을 방해하는 것이다. 그러므로 시료가 복잡할수록 조심스럽게 적당한 조건을 택하여 점적시험을 하도록 해야 한다. 그러나 서로 방해하는 성분화학종이 포함되어 있는 시료를 정성분석하는 데에는 이들 성분을 점적시험하기에 앞서 먼저 이들 성분을 서로 분리하도록 해야 한다. 용액의 pH를 변화시키든지 가리움제(masking agent)를 가하여 한 가지

화학종을 반응하지 못하게 하고, 목적하는 화학종만을 반응시키는 검출방법도 있다. 이런 방법은 모두 복잡하기 때문에 여기서는 점적시험만을 실험하기로 한다. 점적시험에서는 0.02 M이상의 시료농도를 가질 때 용이하다.

3. 기구 및 시약

1) 기구 : 시험관 (10×100 mm), 시험관 대, 시험관용 솔, 눈금 피펫(50 ml), 리트머스 종이, 스포이드, 물중탕기, 전열기(500 W), 씻기병, 라벨, 시험관 집게, 지시약병(50 ml), 갈색 지시약병(50 ml)($AgNO_3$용)

2) 시약 : 0.5 M Na_2CO_3, 0.5 M Na_2SO_4, 1 M $BaCl_2$, 0.5 M Na_2HPO_4, 6 M HNO_3, 0.5 M $(NH_4)_2MoO_4$, 0.5 M K_2CrO_4, 3% H_2O_2, 0.5 M KSCN, 6 M HCl, 0.5 M NH_4Cl, 0.1 M $Fe(NO_3)_3$, 0.5 M-NaCl, 0.1 M $AgNO_3$, 6 M CH_3COOH, 0.5 M CH_3COONa, 3 M · 6 M H_2SO_4, 6 M NaOH

4. 실험방법

다음과 같은 흔히 볼 수 있는 이온들이 포함되어 있는 혼합시료의 정성분석을 점적시험을 이용하여 확인하도록 하자.

CO_3^{2-}	PO_4^{3-}	Cl^-	SCN^-
SO_4^{2-}	CrO_4^{-2}	CH_3COO^-	NH_4^+

여기서 이용하는 화학반응은 간단한 산염기 중화, 침전, 착이온 형성 또는 산화 · 환원반응이다. 모든 경우에 일어나는 각 반응을 잘 이해하고, 그 반응의 이온식을 기록하여라.

이러한 점적시험은 0.02 M 또는 이보다 진한 시료용액을 사용하면 좋다. 그러므로 분배받은 용액(대략 0.2 M)을 10배로 묽혀서 사용하면 된다.

4-1. 탄산이온(CO_3^{2-})

1) 작은 시험관에 0.5 M Na_2CO_3 1 ml를 취하고, 여기에 6 M HCl 1 ml를 가한다. 그러면 이산화탄소의 기포가 곧 발생할 것이다.
2) 시료용액이 묽을 때는 물중탕에 담가서 저으면 기포의 발생이 활발하게 된다. 필요하면 발생하는 기체에 대하여 이산화탄소 검출시험을 해보아라.

4-2. 황산이온(SO_4^{2-})

1) 0.5 M Na_2SO_4 1 M에 6 M HCl 1 ml를 가하고, 1 M $BaCl_2$ 1~2방울을 가한다. 흰 침전은 $BaSO_4$이다.

4-3. 인산이온(PO_4^{3-})

1) 0.5 M Na_2HPO_4 1 ml에 6 M HNO3 1 ml를 가한다.
2) 다음에 0.5 M $(NH_4)_2MoO_4$ 1 ml를 가하고 잘 젓는다. 인산 몰리브덴산암모늄 $(NH_4)_3PO_4 \cdot 12MoO_3$의 노란 침전이 생기면 인산이 있는 증거이다. 묽은 시료용액인 경우에는 물중탕에 담그면 침전이 천천히 생긴다.

4-4. 크롬산이온(CrO_4^{2-})

1) 크롬산은 중성 또는 염기성에서 노란색을 띠고, 산성에서는 주황색의 중크롬산이온 $Cr_2O_7^{2-}$으로 변하며, 센 산화작용을 나타낸다.
2) 0.5 M K_2CrO_4 1 ml에 6 M H_2SO_4 2 ml를 가한다. 이때, 환원제(SCN^-, NH_4^+)가 같이 있으면 크롬산이 푸른 Cr^{3+} 이온으로 변한다. 이 사실로 크롬산의 존재를 알 수 있다.
3) 만약 색변화가 없으면 찬물에 식히고, 3% H_2O_2 1 ml를 가한다. 크롬산은 불안정한 푸른색의 CrO_5로 된다. 이것이 곧 퇴색되어 버린다.

4-5. 티오사이안산이온(SCN^-)

1) 0.5 M KSCN 1 ml에 6 M 아세트산 1 ml를 가하여 젓고, 0.1 $Fe(NO_3)_3$ 1방울

을 가한다. 진한 붉은색의 $[Fe(SCN)_3^-]_n$ (n값은 1부터 6까지) 착이온이 생긴다.

4-6. 염화이온(Cl^-)

1) 0.5 M NaCl 1 ml에 6 M HNO_3 1 ml를 가하고, 0.1 M $AgNO_3$ 몇 방울을 가한다. 이때, 흰 침전 AgCl이 생긴다. 만약 티오사이안산이온 SCN^-이 같이 있으면 역시 흰 침전을 생성한다.
2) 이 경우에는 시료용액 1 ml를 50 ml들이 비커에 취하여 6 M HNO_3 1 ml를 가하고, 천천히 가열하여 용액을 반으로 증발시킨다. 이것으로 SCN^-은 산화되어 방해하지 않게 되고, 염화이온만이 흰 AgCl의 침전을 만들게 한다.

4-7. 아세트산이온(CH_3COO^-)

1) 0.5 CH_3COONa 1 ml에 3 M H_2SO_4 1 ml를 가하여 저으면 아세트산의 특유한 냄새가 나온다. 끓는 물중탕에 담그면 냄새가 더 세게 나온다. 시료용액이 묽을 때는 산을 가하기에 앞서 미리 가열 농축시켜서 시험하도록 한다.

4-8. 암모늄이온(NH_4^+)

1) 0.5 M NH_4Cl 1 ml에 6 M NaOH 1 ml를 가하면 NH_3가 발생하여 특유한 냄새를 낸다. 물에 적신 붉은 리트머스 종이를 접촉시키면 푸른색으로 변한다.

4-9. 미지시료

1) 위의 예비험이 끝나면 실험지도선생으로부터 미지시료를 지급받아 1 ml 씩 나누어 위의 시험법을 적용하여 포함된 성분이온을 모두 알아내도록 한다. 미지시료에는 이들 이온이 4~5종 포함되어 있을 것이다. 어떤 경우에는 이들 이온이 서로 방해하는 수가 있을 것이므로, 조심스럽게 실험하고, 방해할 때에는 그 이유를 밝혀보도록 노력해야 한다.

5. 보고서 작성

1) 정성분석과 정량분석의 차이점을 설명하고, 이러한 분석법을 사용하는 분야는 어떠한 것이 있는지 조사하시오.
2) 예비실험에서 관찰사항(화학 반응식 포함).
3) 미지시료 분석 시 현상과 그에 따른 추측 이온종, 화학반응식을 조사하여라.
4) 각 이온의 정성분석에 이용되는 특유한 화학반응의 알짜 이온반응식(net ionic equation)을 써라.
5) 실험을 할 때에는 **6. 데이터 처리** 쪽에 필기구로 작성하고, 보고서를 작성할 때에는 **6. 데이터 처리** 쪽을 잘라내어 보고서에 붙여 보고서를 제출한다.

6. 데이터 처리

1)

이온	현 상	반응식
CO_3^{2-}		
SO_4^{2-}		
PO_4^{3-}		
CrO_4^{2-}		
SCN^-		
Cl^-		
CH_3COO^-		
NH_4^+		

절
취
선

2)

실 험	현 상	이 온 종	반 응 식

실험 5

산-염기 적정

1. 목 적

산과 염기는 서로 반응하면 염과 물을 형성한다. 이 반응은 매우 정량적이므로 농도를 정확히 알고 있는 표준용액(산 또는 염기)을 만들어 시료용액과 반응시킬 때 소비된 표준용액의 부피로부터 시료용액의 농도를 알 수 있다. 따라서 지시약을 이용한 산-염기 적정을 통하여 산-염기 적정법을 이해한다.

2. 원 리

미지 농도의 산에 기지 농도의 염기를 산의 당량만큼 가하거나 미지 농도의 염기에 반대로 산을 염기의 당량만큼 가하여 그 소비량으로부터 산이나 염기의 농도를 결정하는 실험조작을 적정(titration)이라 한다. 하나의 용액이 산이고, 다른 하나의 용액이 염기이면 산·염기 적정이라 하며, 하나의 용액에는 환원제가 다른 하나의 용액에는 산화제가 들어 있을 때에는 산화·환원 적정이라 한다.

따라서 적정은 뷰렛이나 다른 부피 측정장치를 통해 분석물과 시약 사이의 반응이 완결될 때까지 표준용액을 분석물에 서서히 첨가 하는 것을 말한다.

산·염기 적정의 당량점은 염기를 중화시키는데 꼭 맞는 양의 산을 가했을 때이다. 또는 산을 중화시키는데 꼭 맞는 양의 염기를 가했을 때이다.

당량점을 결정하기 위해서는 용액의 액성이 산성에서 염기성으로, 염기성에서 산성으로 변함에 따라 색깔이 변하는 리트머스, 페놀프탈레인, 티몰 블루우, 메틸 오렌지 등과 같은 지시약으로 알 수 있다. 또한 적정의 종말점은 지시약의 색깔이 지시약의 산 색깔과 염기 색깔의 중간이 되도록 적정액을 가하였을 때이다. 지시약을 잘 고르면 종말점이 당량점과 같으므로, 종말점을 찾는 것이 곧 당량점을 찾는 것과 같다.

당량점은 이론적인 점이고, 실험적으로 측정할 수 없다. 그 대신 당량점 조건과 관련 있는 물리적 변화를 관찰하여 그것을 측정할 수 있다. 이러한 변화를 적정의 종말점이라 하고, 당량점과 종말점 사이의 부피차를 적정오차라 한다.

강산과 강염기가 반응하면 정량적으로 중화되어 아래와 같이 염과 물이 생긴다.

$$HCl + NaOH \rightarrow NaCl + H_2O$$
$$H_2SO_4 + Ca(OH)_2 \rightarrow CaSO_4 + 2H_2O$$

이때, 산 (또는 염기)의 농도와 부피를 알면 아래 식에 의하여 반응한 염기(또는 산)의 농도를 알 수 있다.

$$NV = N'V'$$

2-1. 강산과 강염기의 중화

당량점 전후에서는 pH의 변화가 대단히 커서 산을 염기로 적정할 때 극미량의 염기로 pH값은 약 4.0에서 10.0가까이 급변한다. 이것은 메틸레드, 메틸오렌지, 페놀프탈레인 등의 지시약을 쓰면 산과 염기의 당량점 즉, 중화가 끝나는 종말점을 알 수 있다는 것으로 풀이하고, 이 풀이를 이용한 것이 중화적정이다.

강산과 강염기가 중화하는 당량점의 pH는 이론상 7.0이다. 그러나 공기 중의 CO_2가 녹아 들어가기 때문에 실제는 이보다 낮은 pH 6.2~6.5가 된다. 따라서 전위차 적정을 할 때는 이 pH 범위에서 적정이 끝나지만 지시약을 써서 적정을 할 때는 이렇게 정밀할 수 없다. 변색표를 적절한 지시약을 고르는데 보통 페놀프탈레인, 메틸렌블루, 메틸오렌지 등을 쓴다.

2-2. 약산과 강염기의 중화

약산과 약염기의 반응속도가 너무 늦어서 직접 측정할 수 없다. 또한 약산을 강염기로 적정할 때는 반응결과 생기는 염이 가수분해하여 염기성을 나타내므로, 당량점의 pH는 보다 높다. 따라서 페놀프탈레인 티몰프탈레인과 같이 pH 7.0~10.0에서 변색하는 지시약이 많이 쓰인다.

2-3. 강산과 약염기의 중화

위에서와는 반대로 생성된 염의 가수분해 때문에 당량점에서의 pH는 7.0 이하가 된다. 따라서 메틸오렌지, 콩고레드(붉은색 4.2~6.3 노란색)와 같이 pH 3.0~7.0에서 변색하는 지시약을 써서 적정한다.

3. 기구 및 시약

1) 기구 : 비이커(200 ml), 깔때기(d-25 mm), 삼각플라스크(200 ml), 뷰렛(50 ml), 뷰렛잡이, 피펫, 스탠드, 씻기병, 용량플라스크
2) 시약 : 0.1N-옥살산, 메틸오렌지, 페놀프탈레인, 묽은 화학용 염산, 묽은 수산화나트륨

※ 참고사항

비이커나 플라스크 등 브러쉬를 쓸 수 있는 것은 비누와 물로, 뷰렛과 피펫은 중크롬산으로 씻은 후 물과 비누로 씻어야 한다. 뷰렛의 구멍이 막히지 않도록 와세린을 소량 써야 한다. 이렇게 씻은 뷰렛이나 피펫은 측정하려는 용액으로 사용직전에 미리 두 번 정도 반복해 씻어 내야 한다.

4. 실험방법

4-1. 대략적인 0.2 M NaOH 용액 제조

1) 깨끗한 500 ml 부피플라스크와 마개를 준비한다.
2) 세척제를 이용하여 깨끗이 세척한 후 약간의 증류수로 부피플라스크를 헹군다.
3) 6 M NaOH 용액 약 17 ml 취하여 플라스크에 넣는다.
4) 용액의 수평선이 플라스크 목 부근까지 오도록 증류수로 플라스크를 채운다.
5) 플라스크의 마개를 조심스럽게 막고 흔들어서 용액을 섞는다.
6) 플라스크를 바로 세우고, 마개를 연 다음 증류스로 부피플라스크의 표선까지 증류수로 채운다.

4-2. NaOH 용액의 표준화(Standardization)

1) 두 개의 뷰렛을 깨끗이 씻고 헹군 다음, 하나의 뷰렛에 앞에서 제조한 NaOH 용액을 채운다.
2) 깨끗이 건조시킨 비커에 약 100 ml의 HCl 표준용액을 준비한다.
3) 이 용액을 사용하여 두 번째 뷰렛을 헹구고, 뷰렛을 가득 채운다. 또 다시 뷰렛을 채우기 위해 여분의 용액을 남겨둔다.
4) 각각의 뷰렛은 0 ml 눈금의 선에 용액을 맞춘다. 각 뷰렛에 대한 처음 부피를 읽고, 기록해둔다.
5) 깨끗한 250 ml 플라스크에 농도가 정확한 산 표준용액 약 25 ml의 산을 넣은 후 페놀프탈레인 지시약 3방울을 첨가하고, 약 10 ml의 증류수로 플라스크의 안쪽 면을 세척한다.
6) 다음에 종말점에 도달될 때까지 NaOH 용액으로 산 용액을 적정한다. 이때, 염기용액이 산 용액에 들어가는 부분에서는 경미한 분홍색을 띠는 것을 감지할 수 있을 것이다. 종말점에 도달했을 때는 순간적으로 용액 전체가 분홍색으로 변화한다. 이러한 변화가 일어났을 때 염기의 첨가 속도를 줄이고, 조심스럽게 종말점에 도달하도록 한다.
7) 플라스크에 있는 용액이 매우 밝은 분홍색으로 변하고, 30초 이상의 시간 동안

분홍색이 남아 있을 때 종말점에 도달한 것으로 판단한다.

8) 만약 종말점을 지났다면, 다시 용액이 무색이 되게 하기 위해 뷰렛으로 약간의 산을 떨어뜨리는 역적정을 해야 할 것이다. 그런 다음 조심스럽게 염기를 첨가하면서 종말점에 도달하면 두 뷰렛의 마지막 부피를 읽고 기록해 둔다.
9) 같은 적정을 반복해서 실시한다.

4-3. 식초에 포함된 아세트산 분석

1) 물을 흘려보내서 뷰렛의 산을 씻고, 30 ml의 증류수로 헹군다.
2) 분석하려는 식초 약 75 ml를 준비한다.
3) 약간의 식초용액으로 뷰렛을 헹구고, 뷰렛에 식초용액을 가득 채운다.
4) 다른 뷰렛에는 표준 NaOH 용액을 채운다.
5) 각 뷰렛의 처음 부피를 읽고, 기록한다.
6) 깨끗한 250 ml 플라스크에 식초용액을 5~10 ml 정도를 흘려보낸다.
7) 약 20 ml의 증류수로 플라스크의 안쪽 면을 세척한다.
8) 페놀프탈레인 지시약 3방울을 떨어뜨리고, 종말점에 가까워질 때까지 염기용액으로 적정한다.
9) 종말점에 대한 것은 실험 4-2절을 참조한다.
10) 두 번 이상 식초에 대한 적정을 반복한다.

5. 보고서 작성

1) 식초 중의 아세트산의 질량퍼센트를 계산하시오.
2) 뷰렛의 눈금을 읽을 때 주의해야 할 점에 대해 설명하여라.
3) 부피분석에서 종말점을 결정하는데 사용되는 방법을 조사하여라.
4) 종말점과 당량점의 차이를 조사하시오.
5) 실험을 할 때에는 **6. 데이터 처리** 쪽에 필기구로 작성하고, 보고서를 작성할 때에는 **6. 데이터 처리** 쪽을 잘라내어 보고서에 붙여 보고서를 제출한다.

6. 데이터 처리

6-1. NaOH의 표준화

적정에 소모된 NaOH 용액의 부피	ml
HCl 표준용액의 부피	ml
HCl 표준용액의 몰농도	M
NaOH 용액의 계산된 몰농도	M
NaOH 용액의 평균 몰농도	M

6-2. 식초에 포함된 아세트산 분석

적정에 소모된 NaOH 용액의 부피	ml
식초의 부피	ml
NaOH 용액의 몰농도	M
식초 중의 아세트산의 몰농도(계산치)	M
식초 중의 아세트산의 평균 몰농도	M

절취선

실험 6

용해도곱 상수의 결정

1. 목 적

반응평형은 르샤틀리에 법칙에 변화한다. 여기서는 고체염이 물에 용해하는 경우 공통이온효과를 이용하여 수산화칼슘($Ca(OH)_2$) 포화용액의 용해도곱 상수를 결정한다.

2. 원 리

일정한 온도, 압력, 농도 등의 조건에서 반응시키면 반응이 더 이상 진행하지 않고, 마치 정지된 상태와 같은 것을 화학반응평형(chemical reaction equilibrium)이라 한다. 반응평형 상태에서는 정반응의 속도와 역반응의 속도가 같고, 반응물질과 생성물질이 함께 존재하며, 반응물질과 생성물질의 농도는 일정하게 유지된다. 따라서 일정한 온도에서 화학반응이 평형상태에 있을 때 반응물질의 농도 곱과 생성물질의 농도 곱의 비는 항상 일정하다.

$$aA + bB \Leftrightarrow cC + dD \quad ; \quad K = \frac{[C]^c [D]^d}{[A]^a [B]^b}$$

여기서 a, b, c, d는 화학반응식의 양론계수(stoichiometric coefficient)로, 반응물질과 생성 물질의 존재비와는 무관하다. 그리고 평형상수(equilibrium constant), K는 반응이 더 이상 진행되지 않는 평형에 도달 했을 때 반응물과 생성물의 상대적인 양의 비를 나타낸다. 이와 같은 평형상수는 온도만 일정하면 항상 일정하고, 역반응의 평형상수는 정반응의 평형상수와 역수관계이다. 또한 화학반응식의 양론계수가 변하면 평형상수도 변화한다.

염이 용액 내에서 녹아 성분이온으로 나뉘는 반응에 대한 평형상수를 용해도곱 상수(solubility product constant, K_{sp})라 하며, 수산화칼슘이 수용액에서 용해되는 경우의 반응식과 K_{sp}는 다음과 같다.

$$Ca(OH)_2(s) \Leftrightarrow Ca^{2+}(aq) + 2OH^-(aq) \quad ; \quad K_{sp} = [Ca^{2+}][OH^-]^2$$

반응이 평형상태에 있을 때 농도, 온도, 압력 등 평형의 조건을 변화시키면 그 변화를 없애고자 하는 방향으로 새로운 평형에 도달한다(르샤틀리에 원리). 따라서 반응평형에서 어떤 염에 포함된 이온과 공통되는 이온이 첨가되는 경우 첨가된 이온의 농도를 낮추려는 방향으로 평형이 이동되는데, 이와 같이 용해도에 영향을 미치는 현상을 공통이온효과라 한다. 이와 같이 평형위치가 변하는 것은 르샤틀리에의 법칙에 따라 기존 평형일 때 보다 많아진 이온을 줄이기 위해서이다.

예를 들면 수산화칼슘의 용해반응에서 NaOH의 농도가 높아지면 수용액 중에 OH^-가 증가하는데, K_{sp} 값은 온도가 일정하면 항상 일정하므로, 결국 K_{sp}값을 일정하게 유지하려면 증가된 OH^-의 값을 낮추는 방향 즉, $Ca(OH)_2$의 용해도가 낮아지는 역방향으로 평형이 이동되므로, $Ca(OH)_2$의 용해도는 NaOH 농도가 증가할수록 감소하게 된다.

3. 기구 및 시약

1) 기구 : 부흐너 깔때기, 뷰렛, 비커
2) 시약 : 수산화칼슘, NaOH, HCl, 페놀프탈레인

4. 실험방법

1) 깨끗하게 씻어서 말린 100 ml 비커 4개에 각각 증류수, 0.100M, 0.05M, 0.025M, NaOH 용액을 100 ml 눈금실린더로 50 ml를 넣는다.

2) 각 비커에 과량의 $Ca(OH)_2$ 고체를 넣어 과포화 시킨다(수산화칼슘은 난용성 물질이므로, 반 스푼 정도를 넣어주면 충분하다.)

3) 각 용액을 유리막대로 10분간 잘 저어서 평형에 도달하게 한다.

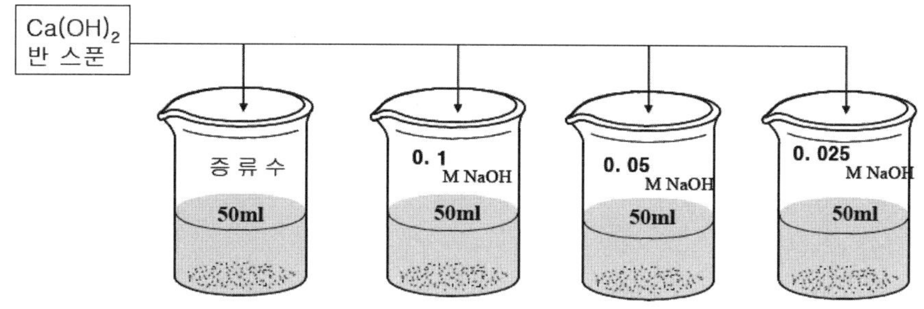

4) 3)의 용액을 부흐너 깔때기를 이용하여 감압하여 거르고, 거른 용액을 25 ml씩 취해 100 ml 삼각플라스크에 담는다. 이때, 거른 액이 묽혀지면 안 된다.

5) 각 용액의 온도를 측정하여 기록한다.

6) 4)의 용액에 페놀프탈레인 용액 양 2~3방울 떨어뜨린 후 뷰렛을 이용하여 0.1 M HCl 표준용액으로 적정한다.

※ 참고사항

① 수산화나트륨은 조해성이 있으므로, 신속하게 처리하고, 흘리지 않도록 주의한다. 만약 흘렸을 경우에는 바로 휴지로 닦아낸다. 또한 수산화나트륨은 강한 염기성 물질이므로, 피부에 닿지 않도록 주의하고, 만약 피부에 묻었을 때에는 흐르는 물에 깨끗이 씻는다.

② 과량의 수산화칼슘을 넣어준 후 충분히 저어 주고, 서로 농도가 다른 용액을 저어 줄 때에는 유리막대를 깨끗이 세척한 후 사용해야 한다.

③ 각 용액 속에 남아 있는 수산화칼슘 고체를 걸러줄 때 걸러지는 용액이 묽혀지지 않도록 조심하고, 반드시 삼각 플라스크를 아세톤을 이용하여 세척하고, 드라이어를 이용해 남아 있는 물기를 제거한다.

④ 과량의 고체 수산화칼슘이 완전히 걸러지도록 2번씩 거른다.

⑤ 염산 표준용액의 농도에 따라 오차가 많이 나므로, 정확한 농도의 용액을 만들어야 한다.

⑥ 유리기구의 세척제는 묽은 염산수용액을 사용한다.

5. 보고서 작성

1) 르샤틀리에 법칙을 적용하여 다음과 같은 이상기체반응에서 평형상수와 평형조성에 미치는 온도와 압력의 영향에 대하여 설명하여라.

$$C_2H_4(g) + H_2O(g) \Leftrightarrow C_2H_5(g) + 45792\ J/mol$$

2) 수산화나트륨이 용해된 수산화칼슘 포화용액을 염산으로 적정하는 경우 총괄 반응식이 다음과 같음을 설명하여라.

$$NaOH(aq) + Ca(OH)_2(s) + 3HCl(aq) \Leftrightarrow Na^+(aq) + Ca^{2+}(aq) + 3Cl^-(aq) + 3H_2O(l)$$

3) 실험에서 $Ca(OH)_2$ 고체를 과량으로 사용하는 이유를 설명하여라.

4) 실험오차의 원인을 분석하여라.

5) 실험을 할 때에는 **6. 데이터 처리** 쪽에 필기구로 작성하고, 보고서를 작성할 때에는 **6. 데이터 처리** 쪽을 잘라내어 보고서에 붙여 보고서를 제출한다.

6. 데이터 처리

구 분	증류수	0.025M NaOH	0.05M NaOH	0.100M NaOH
뷰렛의 처음 높이(ml)				
뷰렛의 최종 높이(ml)				
HCl 사용한 양(ml)				
처음 온도(℃)				
나중 온도(℃)				
온도차(℃)				
계산된 $[OH^-]$(M)				
$Ca(OH)_2$의 $[OH^-]$				
$[Ca^{2+}]$				
Ksp				
오차(%)				
Ksp평균				
오차(%)				

절취선

실험 7

산화·환원 적정: 요오드 적정법

1. 목 적

산화제 또는 환원제 표준용액을 사용하여 시료물질을 완전히 산화 또는 환원시키는데 소모된 양을 측정하여 시료물질을 정량하는 방법이 산화-환원 적정법이다. 요오드가 관련된 산화-환원반응을 요오드 적정법이라 한다. 따라서 산화제인 요오드의 성질을 이해하고 요오드 적정법으로 황산구리를 정량함으로써 산화-환원 반응의 원리와 응용성을 알아본다.

2. 원 리

요오드 적정법에는 직접법과 간접법 두 종류가 있다. 직접법의 경우는 요오드가 강한 환원제를 산화시킬 수 있으므로, 요오드 용액으로 바로 적정할 수 있다.

$$I_2 + 2e \rightarrow 2I^- \rightarrow 2I^- \qquad E^0 = 0.53\,Volt$$

이와 같이 요오드를 산화제로 하여 직접 적정하는 방법을 직접 요오드 적정법(direct iodometric titration)이라 한다.

한편, 강한 산화제를 산성에서 I^-이온과 반응시키면 I_2분자가 유리되는데, 이 유리된 요오드를 티오황산나트륨과 같은 표준 환원용액으로 적정하여 간접적으로 시료의 양을 구하기도 한다. 이러한 방법을 간접 요오드 적정법(indirect iodometric titration)이라 한다.

$$2S_2O_3^{2-} + I_2 \rightarrow S_4O_6^{2-} + 2I^-$$

요오드 적정법에서 반응의 종말점은 요오드 자신의 퇴색에 의해서도 알 수 있으나 불명확하므로, 종말점 가까이에서 녹말용액을 소량 가하여 진한 청색을 띠게 하여 놓고, 이 요오드-녹말의 색깔이 소멸될 때를 종말점으로 하면 더욱 명료하여 좋다.

3. 기구 및 시약

1) 기구 : 비이커, 삼각플라스크, 용량플라스크, 뷰렛, 적정장치 1%, 화학저울, 피펫, 눈금실린더
2) 시약 : 티오황산나트륨($Na_2S_2O_3$), 황산구리($CuSO_4$), 요오드화칼륨(KI), 질산(HNO_3), 녹말용액, 진한염산, 아세트산, 중크롬산칼륨($K_2Cr_2O_7$)

※ 녹말 지시약 조제법

2 g의 가용성 녹말을 10 mg의 Hg_2I_2와 함께 1 L에 넣고, 맑은 용액이 될 때 까지 끓여 냉각시킨다. 여기서 Hg_2I_2는 방부제이므로, 장시간 보관할 것이 아니면 가하지 않아도 좋다.

4. 실험방법

4-1. 0.1 N 티오황산나트륨 표준용액 제조

1) 티오황산나트륨을 대략 달아 약 0.1 N 티오황산나트륨 용액 500 ml를 만든다.
2) 중크롬산칼륨 1.5 g 정도를 정확히 달아 250 ml 용량플라스크에 넣고, 표선까지 증류수를 채우고,
3) 이 용액 25 ml를 피펫으로 정확히 취하여 500 ml 삼각플라스크에 넣고,

4) 진한 염산 8 ml를 가한 후 요오드화칼륨 2 g를 넣고, 녹인 후 10분간 방치한다.
5) 여기에 다시 증류수 200 ml를 가한다.
6) 0.1N 티오황산나트륨 용액을 뷰렛에 채우고, 이 용액을 잘 흔들면서 적정한다.
7) 종말점 근처에서 요오드 용액이 묽어져 엷은 황색으로 될 때 녹말지시약 용액 1~2 ml를 가해 청색을 띠게 한다.
8) 적정은 이 청색이 없어질 때까지 계속한다.

4-2. 요오드화법 적정에 의한 황산구리의 정량

1) 0.6 g 정도의 $CuSO_4 \cdot 5H_2O$를 정확히 달아 500 ml 삼각플라스크에 넣고, 증류수 50 ml를 가해 녹인다.
2) 다시 여기에 아세트산 4 ml와 요오드화칼륨 3 g를 가하여 녹인 후 10분간 방치한다.
3) 0.1 N 티오황산나트륨 표준용액을 뷰렛에 채우고, 지시약을 이용하여 1의 방법에서와 같이 적정하여 황산구리를 정량한다.

5. 보고서 작성

1) 직접요오드법과 간접요오드법을 비교 설명하시오.
2) 지시약으로 사용되는 녹말용액을 종말점 가까이에서 가하는 이유는 무엇인가?
3) 실험을 할 때에는 **6. 데이터 처리** 쪽에 필기구로 작성하고, 보고서를 작성할 때에는 **6. 데이터 처리** 쪽을 잘라내어 보고서에 붙여 보고서를 제출한다.

6. 데이터 처리

6-1. 티오황산나트륨 표준용액의 농도 결정

중크롬산칼륨의 무게		g
소모된 티오황산나트륨 용액의 부피	1회	ml
	2회	ml
	3회	ml
	평균	ml
티오황산나트륨 용액의 노르말 농도		N

절취선

6-2. 요오드화법 적정에 의한 황산구리의 정량

황산구리의 무게	g
소모된 티오황산나트륨 용액의 부피	ml
황산구리의 함량	%

실험 8

산화·환원 적정: 과망간산 적정법

1. 목 적

이 실험에서는 옥살산나트륨을 일차 표준물질로 하여 과망간산칼륨 용액의 농도를 표준화하고, 이 용액을 이용하여 과산화수소 수용액을 정량한다. 또한 산화-환원 반응들의 종말점을 산화제인 과망간산칼륨 자체의 색을 이용하여 결정하는 법을 익힌다.

2. 원 리

산화 · 환원 적정(oxidation-reduction titration)이란 산화제 또는 환원제의 표준용액으로 시료물질을 산화 또는 환원하는데, 이때 소요된 산화제 또는 환원제의 양을 측정하여 시료물질 중의 산화물 또는 환원물질을 정량하는 방법이다. 산화제는 시료물질에서 전자를 빼앗아 환원되고, 환원제는 시료물질에 전자를 주어 산화되는 것이다. 산화 · 환원적정의 종말점(end point)은 ①과망간산 적정법(permanganate titration)과 같이 자체의 색변화로, ②요오드 적정법(iodometry)과 같이 다른 지시약의 사용으로, ③전위차 적정법에서와 같이 전기적인 방법으로 판정된다. 산화 · 환원 적정분석법에는 여러 가지가 있으나, 많이 쓰이는 것은 과망간산칼륨과 요오드법이다.

과망간산 적정법은 산성용액에서 MnO_4^-가 Mn^{2+}로 환원되면서 내는 강력한 산화력을 이용하는 때가 많다.

$$MnO_4^- + 8H^+ + 5e^- \rightarrow Mn^{2+} + 4H_2O \quad E^0 = 1.51\ \text{Volt}$$

만약 황산산성 용액에서 환원철과 과망간산칼륨이 반응하면 다음 식에서와 같이 과망간산 이온(MnO_4^{2-})이 Mn^{2+}으로 변하여 자주색이 없어지는데, 이때를 종말점으로 하여 적정을 끝내고, 소요된 농도 기지의 과망간산칼륨으로 시료 중의 환원물을 계산해 내는 것이다.

$$2MnO_4 + 10FeSO_4 + 8H_2SO_4 \rightarrow 2MnSO_4 + 5Fe_2(SO_4)_3 + K_2SO_4 + 8H_2O$$

요오드법에는 직접법과 간접법이 있는데, 직접법(direct iodometric titration)은 요오드가 강한 환원제를 산화하는 힘을 이용하여 환원물을 요오드 용액으로 직접 적정하는 것이다.

$$I_2 + 2e^- \rightarrow 2I^- \quad E^0 = 0.54 \text{ Volt}$$

한편 강한 산화제를 산성에서 I^-이온과 반응시키면 I_2가 석출되는데, 이 요오드를 티오황산나트륨과 같은 표준 환원용액으로 적정하여 간접적으로 환원물의 양을 구하기도 한다. 이 방법을 간접법(indirectric iodometric titration)이라 한다. 여기서 티오황산나트륨과 요오드는 당량으로 반응한다.

요오드적정법에서 반응의 종말점은 요오드의 퇴색으로도 알 수 있으나 녹말 지시약을 쓰면 더 명확하다. 산화 · 환원 적정분석법에 사용되는 한 현재로는 이 외에도 중크롬산칼륨(potassium dichromate), 브롬산칼륨(potassium bromate), 요오드산칼륨(potassium iodate), 황산세륨(ceric sulfate) 등이 있으며, 환원제로는 모어염(Mohrs salt), 티오황산나트륨, 옥살산(oxalic acid), 옥살산 나트륨 등이 있다.

3. 기구 및 시약

1) 기구 : 비이커(100 ml), 용량플라스크, 삼각플라스크, 25 ml 및 10 ml 피펫, 온도계, 뷰렛, 물중탕
2) 시약 : 0.1N 과망간산칼륨 표준용액(갈색시약병에 담아서 햇빛을 받지 않는 곳에 보관한다.), 황산(1:1), 옥살산나트륨

4. 실험방법

4-1. 0.1N 과망간산칼륨 용액의 표준화

1) 순수한 옥살산나트륨 약 0.7 g를 취하여 화학저울로 정밀하게 무게를 달아 100 ml 부피플라스크에 손실 없이 조심스럽게 넣는다.
2) 소량의 증류수를 넣어 흔들어서 완전히 용해시킨 후 눈금까지 조심스럽게 증류수를 채운 다음 잘 섞어 준다.
3) 제조된 옥살산 나트륨 용액 10.0 ml를 피펫으로 정확하게 취하여 250 ml 삼각플라스크에 넣는다.
4) 전체 용액의 부피가 약 80 ml로 되게 증류수를 가하여 희석시킨 후 황산(1:1) 5 ml를 가한다.
5) 이 삼각플라스크를 70~80℃로 유지된 물중탕에 담가 놓고, 잘 흔들어 주면서 뷰렛으로부터 과망간산칼륨 표준용액을 천천히 가하여 적정한다.
6) 적정 도중에는 가한 과망간산칼륨 용액의 자주색이 퇴색되어 없어질 것이나 당량점에 가까워질수록 용액을 잘 흔들어 주지 않으면 색깔이 쉽사리 없어지지 않는다.
7) 적정용액의 마지막 1방울에 의하여 희미한 분홍색이 약 30초 동안 없어지지 않고 지속되는 점을 종말점으로 잡는다.
8) 미리 준비한 다른 삼각플라스크에 종말점에서와 같은 양의 순수한 증류수를 넣고, 여기에 과망간산칼륨 용액 1방울을 가하여 생긴 용액의 색과 같도록 종말점의 색과 비교해 주면 종말점이 더욱 명료해진다.
9) 이상의 실험을 3번 반복하여 평균값을 구하고, 이 값으로부터 과망간산칼륨 용액의 정확한 농도를 구한다.

4-2. 과망간 적정법에 의한 과산화수소 수용액의 정량

과산화수소는 산성용액에서 과망간산칼륨에 의해 산화되므로 과산화수소 1몰은 2그램당량이다.

1) 3% 과산화수소(비중: 1.01) 10 ml를 피펫으로 정확하게 취하여 100 ml 용량플라스크에 넣고, 눈금까지 조심스럽게 증류수를 채운다.
2) 이 용액 5 ml를 정확하게 취하여 250 ml 삼각플라스크에 넣고, 증류수로 묽혀서 전체액량이 100 ml 정도로 되게 한 다음 황산(1:1) 10 ml를 가한다.
3) 이것을 상온에서 뷰렛으로부터 0.1 M 과망간산칼륨 표준용액을 조심스럽게 천천히 떨어뜨려서 적정한다. 마지막 1방울에 의하여 희미한 분홍색이 없어지지 않고, 30초 이상 지속되는 점이 종말점이다.
4) 이상의 실험을 3번 반복하여 평균값을 구하고, 이 값으로부터 과산화수소의 정확한 농도(%)를 구한다.

5. 보고서 작성

1) 옥살산나트륨으로 과망간칼륨 용액의 농도를 결정할 때 처음에는 탈색되는데 시간이 걸리지만 일단 반응이 시작되면 탈색이 원활히 진행되는 이유는 무엇인가?
2) 농도결정시 온도를 60℃ 정도로 유지하는 이유는 무엇인가?
3) 과망간산칼륨 적정을 산성용액에서 수행할 때 염산이나 질산을 사용하지 않고, 황산용액을 사용하는 이유는 무엇인가.
4) 적정하기 전에 시료용액을 증류수로 희석시켜 전체 용액량을 70 ml로 만들어서 적정하는 이유를 생각해 보아라.
5) 실험을 할 때에는 <u>**6. 데이터 처리**</u> 쪽에 필기구로 작성하고, 보고서를 작성할 때에는 <u>**6. 데이터 처리**</u> 쪽을 잘라내어 보고서에 붙여 보고서를 제출한다.

6. 데이터 처리

6-1. 과망간산칼륨 용액의 농도 결정

옥살산나트륨의 무게		g
소모된 과망간산칼륨 용액의 부피	1회	ml
	2회	ml
	3회	ml
	평균	ml
과망간산칼륨 용액의 노르말 농도		N

절취선

6-2. 과망간 적정법에 의한 과산화수소 수용액의 정량

3% 과산화수소의 비중		g
취한 과산화수소 용액의 부피		g
취한 과산화수소 용액의 무게		g
소모된 과망간산칼륨 용액의 부피	1회	ml
	2회	ml
	3회	ml
	평균	ml
과산화수소의 농도		N

실험 9

킬레이트 적정: 물의 경도 측정

1. 목 적

EDTA를 이용하여 Ca와 Mg의 경도를 측정하고, 킬레이트 적정에 대해 이해한다.

2. 원 리

물의 경도(hardness)는 물 중의 Ca^{2+} 및 Mg^{2+}의 양을 이것에 대응하는 탄산칼슘 $CaCO_3$의 ppm(mg/L)으로 환산해서 나타낸 것이다.

물 중의 Ca^{2+}와 Mg^{2+}는 주로 지질에 기인한 것이지만 해수, 하수, 공장폐수 등에 원인이 있을 수도 있다. 수돗물에 있어서는 시설물의 콘크리트. 구조물 및 물의 석회처리에 의한 것이 있다. 경도가 너무 높으면 위장을 해치기도 하지만 적당량은 맛 좋은 음료수로 되고, 또한 수도관의 방식에 도움이 되고 있다고 한다.

경도는 전경도(총 경도), 칼슘 경도 및 마그네슘 경도로 구분되며, 전 경도(총 경도)는 물 중의 칼슘 및 마그네슘 이온에 의한 경도를 말한다. 미리 완충용액을 사용하여 검수의 pH를 약 10으로 조절한 후 EBT를 지시약으로 하여 EDTA 용액으로 적정하여 구한다. EBT의 수용액은 pH 10부근에서는 청색을 띠지만 Ca^{2+}, Mg^{2+} 등의 금속이온, M^{2+}를 함유한 용액 중에 가하면 킬레이트화를 일으켜, 적색~적자색을 띤다.

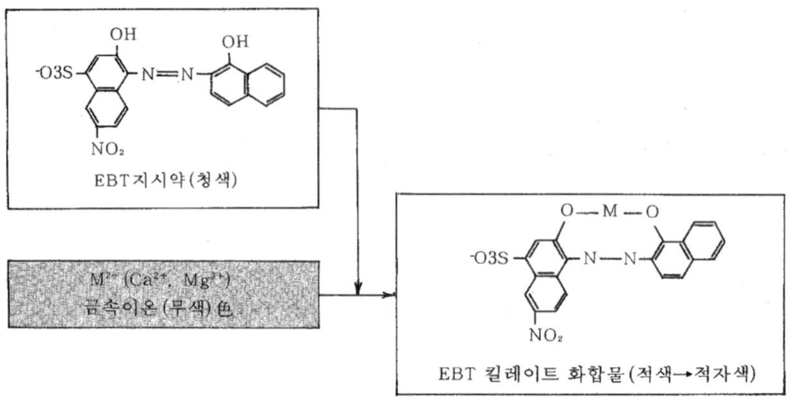

다음에 이 용액 중에 EDTA 표준용액을 적가하면 EDTA의 쪽이 EBT보다도 Ca, Mg의 킬레이트 화합물을 만들기 쉽기 때문에 Ca, Mg 순서로 EDTA와 결합하여 무색의 킬레이트 화합물로 되고, 반응종료와 함께 용액의 색은 유리된 EBT에 의해 청색으로 된다.

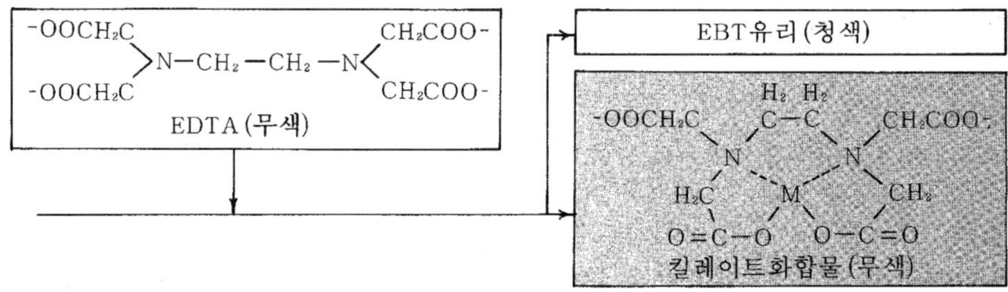

칼슘경도는 물 중의 칼슘이온에 의한 경도를 뜻한다. 미리 검수의 pH를 충분히 높인 후 NANA 지시약을 가하고, EDTA 용액으로 적정해서 구한다. pH를 12~13으로 조정하면 Mg^{2+}는 $Mg(OH)_2$로 침전하고, 또 이 pH에서 적정하면 Mg^{2+}가 EDTA와는 반응하지 않으므로, Ca^{2+}만 정량된다. 칼슘경도의 측정에 대한 용액의 색의 변화를 다음 그림으로 보여준다.

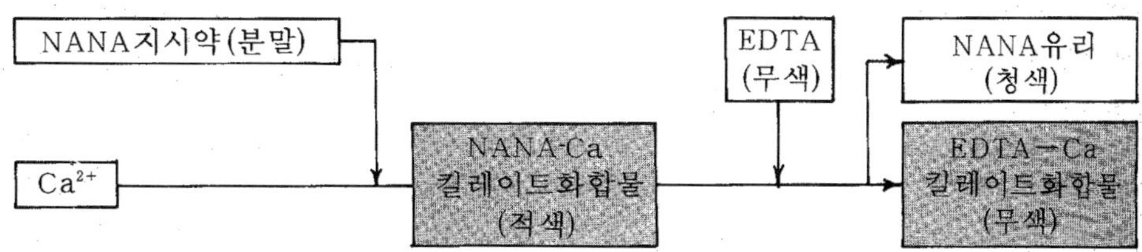

마그네슘 경도는 물 중의 마그네슘 이온에 의한 경도를 말하는데, 전 경도로부터 칼슘 경도를 빼어서 산출한다.

3. 기구 및 시약

1) 기구 : 메스플라스크, 메스실린더, 코니칼비이커(300 ml), 피펫

2) 시약 : 검수(하천수, 수도수, 공업용수 등), M/100 EDTA 표준용액(10 w/v%) 0.3 ml, NANA($C_{11}H_{19}NO_9$) 지시약 0.1 g, 염산히드록실아민($NH_2OH \cdot HCl$) 용액, 8N KOH 용액, 1N KCN 용액 4 ml, 완충용액[염화암모늄-암모니아(NH_3- NH_4Cl)] 완충액 1 ml, EBT 지시약

4. 실험방법

4-1. 0.01M-EDTA 표준액의 표정

가. 원리

시료에 완충용액을 가하여 pH 10으로 조절하고, EBT를 지시약으로 EDTA-2 나트륨 용액으로 적정하는 방법이다.

※ 시약 제조

가) 완충액(pH 10) : 인산암모늄 67.5 g를 암모니아수 570 mℓ에 용해하여 물로써 전체량을 1ℓ 로 한다. 이 용액은 밀폐시켜 보관한다.

나) EBT 지시약 : EBT(Eriochromeblack-T) 0.5 g를 트리에탄올아민 100 mℓ에 녹인다. 이 용액은 갈색병에 밀폐시켜 보관한다.

다) 염화(鹽化) 칼슘 표준액 : 105℃에서 3~4시간 건조시킨 탄산칼슘 1.00 g를 정량하여 소량의 인산으로 용해하여 메스플라스크 1ℓ 에 넣고, 물을 표선까지 가한다. 이 용액 1 mℓ는 탄산칼슘 1 mg에 상당한다.

라) 시안화칼륨 용액(10%) : 시안화칼륨(KCN) 10 g를 물에 녹여 전량을 100 mℓ로 하고, 폴리에틸렌에 보존한다.

마) EDTA 표준액 : EDTA(ethylenediamine tetraacetic acid) 2나트륨 2수화물 [$(CH_2COO)_2N \cdot CH_2 \cdot CH_2 \cdot N(CH_2COO)_2H_2 \cdot Na_2 \cdot 2H_2O$] 4 g과 염화마그네슘 6수화물[$MgCl_2 \cdot 6H_2O$] 0.1 g를 물에 용해하여 메스플라스크 1 ℓ 에 넣고, 물을 표선까지 가한다.

나. 표정

1) 염화칼슘 표준액 25 *ml*를 삼각플라스크 250 *ml*에 취하고, 물을 가하여 50*ml*로 만든다.
2) 1)의 용액에 시안화칼륨 용액(10%) 1 *ml*, 완충용액 1*ml*와 EBT 표준용액 3~4 방울을 가하여 잘 혼합하면서 EDTA 표준액으로 붉은색이 사라질 때까지 적정한다.
3) 소요된 EDTA 표준액의 *ml*수(x)에서 다음 식에 의해 농도상수(factor)를 산출한다.

$$f = \frac{25}{x}$$

여기서 x = 소모된 EDTA 표준액 *ml*수

※ 주의사항

1. EBT 표준액을 제조할 경우 JIS에서는 메틸알코올을 사용하고 있으나, 실험에서는 트리에탄올아민을 사용한다. 그 이유는 트리에탄올아민이 강알칼리성 용액 중에서 Fe^{3+}, Al^{3+}, Mn^{3+} 등 3가의 금속이온과 안정한 착화합물을 형성함으로서 3가 금속이온을 은폐시키는 효과가 있기 때문이다.
2. KCN은 은폐제로서 Al 50 ppm, Cu 50 ppm, Fe 50 ppm까지 은폐가 가능하다. 그러나 KCN은 산성용액에서 독성이 강한 시안가스를 발생시키므로, 취급에 유의하여야 한다. KCN보다 은폐력은 떨러지지만 독성위험은 다소 적은 Na_2S(5%)를 사용해도 고도의 정확성을 요구하는 data가 아닌 경우에는 무해하다.
3. 시료에 Mg^{2+}이 전혀 함유되어 있지 않을 경우에는 EBT 표준액의 사용시 변색점이 불분명하다. 따라서 JIS에서와는 달리 EDTA 표준액 제조시 염화마그네슘 6수화물[$MgCl_2 \cdot 6H_2O$] 0.1 g를 첨가하여 제조한다.
4. EBT 표준액의 변색이 늦기 때문에 변색점 부근에서는 잘 혼합하면서 천천히 적정한다.

※ 참고사항

비탄산염의 경도 및 탄산염 경도는 M-알칼리도와 전경도의 관계에서 다음과 같이 산출한다.

- M-알칼리도(mg $CaCO_3$/ℓ) 〈 전경도(mg $CaCO_3$/ℓ) 일 때
  비탄산염 경도 (mg $CaCO_3$/ℓ) =
  전경도(mg $CaCO_3$/ℓ) − M-알칼리도(mg $CaCO_3$/ℓ)
- M-알칼리도(mg $CaCO_3$/ℓ) 〉 전경도(mg $CaCO_3$/ℓ) 일 때
  탄산염 경도(mg $CaCO_3$/ℓ) = 전경도(mg $CaCO_3$/ℓ)
  비탄산염 경도 (mg $CaCO_3$/ℓ) = 0

4-2. 전경도

가. 원리

시료(수돗물)를 pH 10으로 하고, EDTA 용액으로 적정해서 시료의 전경도를 구한다.

> **※ 시약 제조**
>
> 가) 지시약 : EBT
>
> 나) 염화칼슘 표준액 : 105℃에서 3~4시간 건조시킨 탄산칼슘 1.00 g를 정량하여 소량의 인산으로 용해하여 메스플라스크 1ℓ 에 넣고, 물을 표선까지 가한다. 이 용액 1 mℓ는 탄산칼슘 1 mg에 상당한다.
>
> 다) 시안화칼륨 용액(10%) : 염산 히드록실아민 10 g를 물에 녹여 전량을 100 mℓ로 한다.
>
> 라) EDTA 표준액 : EDTA(Ethylenediamine tetraacetic acid)-2나트륨-2수화물 $[(CH_2COO)_2N \cdot CH_2 \cdot CH_2 \cdot N(CH_2COO)_2H_2 \cdot Na_2 \cdot 2H_2O]$ 4 g를 물에 용해하여 메스플라스크 1ℓ 에 넣고, 물을 표선까지 가한다.

나. 측정

1) 초과한 시료의 정량(50~100 *ml*)을 비이커에 취한다.
2) 시안화칼륨 용액(10%) 2방울, 완충액 1 *ml*를 가한다.
3) EBT 지시약 2~3방울을 가한다.
4) 이것을 잘 혼합하면서 EDTA 표준액으로 붉은색이 사라질 때까지 적정한다.
5) 다음 식에 의해 전경도를 산출한다.

$$H = b \times f \times \frac{1000}{V} \times 1$$

여기서, H =전경도(mg $CaCO_3$/ *l*)

b = 적정에 소모된 EDTA 표준액(*ml*)

f = EDTA 표준액의 농도계수(factor)

V = 시료(*ml*)

1 = EDTA 표준액 1 *ml*의 탄산칼슘 상당량(mg)

4-3. Ca의 경도

가. 원리

시료(수돗물)를 pH 12이상으로 하고, EDTA 용액으로 적정해서 칼슘을 정량하는 방법이다.

※ 시약 제조

가) 수산화칼륨 용액 : 수산화칼륨 약 225 g를 물에 녹여 500 ㎖로 하여 폴리에틸렌병에 보존한다.

나) 염화칼슘 표준액 : 105℃에서 3~4시간 건조시킨 탄산칼슘 1.00 g를 정량하여 소량의 인산으로 용해하여 메스플라스크 1 ℓ 에 넣고, 물을 표선까지 가한다. 이 용액을 5℃에서 3~4시간 건조한 1 ㎖는 탄산칼슘 1 ㎎에 상당한다.

다) 시안화칼륨 용액(10%) : 염산 히드록실아민 10 g를 물에 녹여 전량을 100 ㎖로 한다.

라) EDTA 표준액 : EDTA(ethylenediamine tetraacetic acid)-2나트륨-2수화물 [$(CH_2COO)_2N \cdot CH_2 \cdot CH_2 \cdot N(CH_2COO)_2H_2 \cdot Na_2 \cdot 2H_2O$] 4 g를 물에 용해하여 메스플라스크 1 ℓ 에 넣고, 물을 표선까지 가한다.

나. 측정

1) 초과한 시료의 정량(50~100 *ml*)을 비이커에 취한다.

2) 수산화칼륨 용액 5 *ml*를 가하여 잘 혼합한 후 약 5분간 방치한다.

3) 시안화칼륨 용액(10%) 및 염산 히드록실아민(10%)을 각각 0.5 *ml*를 가해서 잘

혼합한다.

4) 여기에 약 0.1 g의 지시약을 가하고, EDTA 표준액으로 청록색이 될 때까지 적정한다.

5) 다음 식에 의해 시료중의 칼슘경도를 산출한다.

$$H_{Ca} = a \times f \times \frac{1000}{V} \times 1$$

여기서, H_{Ca} = 칼슘의 경도(*mg* $CaCO_3$/ *l*)

a = 적정에 소요된 EDTA 표준액(*ml*)

f = EDTA 표준액의 농도계수

V = 시료(*ml*)

1 = EDTA 표준액 1 *ml*의 탄산칼슘 상당량(*mg*)

※ 주의사항

시료에 수산화칼륨 용액을 가하기 전에 N.N 지시약을 가하면 Mg^{2+}이 N.N 지시약과 킬레이트 화합물을 형성하여 Mg(OH)와 공침하게 되므로, 시약의 첨가순서가 틀리지 않도록 한다.

4-4. Mg의 경도

가. 실험

마그네슘 경도는 전경도에서 칼슘경도를 빼서 산출한다.

$$H_{Mg} = \left(\frac{b}{V} - \frac{a}{V_{Ca}}\right) \times f \times 1000 \times 1$$

여기서, H_{Mg} = 마그네슘 경도(mg $CaCO_3$/ *l*)

b = 전경도 측정에서 소요된 EDTA 표준액(*ml*)

V = 전경도의 시료(*ml*)

a = 갈슘경도 측정에서 소요된 EDTA 표준액(*ml*)

V_{Ca}= 칼슘경도의 시료(*ml*)

f = EDTA 표준액의 농도계수

1 = EDTA 표준액 1 *ml*의 탄산칼슘 상당량(*mg*) Mg의 경도

5. 보고서 작성

1) 킬레이트 화합물에 대해 자세히 조사하시오.
2) 킬레이트 적정법과 관련된 적정법을 찾아서 정리하시오.
3) 킬레이트 적정법이 실생활에서 사용되는 예를 찾아 조사하시오.
4) 실험을 할 때에는 **6. 데이터 처리** 쪽에 필기구로 작성하고, 보고서를 작성할 때에는 **6. 데이터 처리** 쪽을 잘라내어 보고서에 붙여 보고서를 제출한다.

절취선

6. 데이터 처리

6-1. 0.01M-EDTA 표정

소모된 EDTA 표준액 ml 수(x)	ml
농도 상수(f)	f =

6-2. 전경도

시료(V)	ml
적정에 소모된 EDTA 표준액 (b)	ml
EDTA 표준액 1 ml의 탄산칼슘 상당량(l)	mg
전경도(H)	mg/l(ppm)

6-3. Ca의 경도

시료(V)	ml
적정에 소모된 EDTA 표준액 (a)	ml
EDTA 표준액 1 ml의 탄산칼슘 상당량(l)	mg
칼슘경도(H_{Ca})	mg/l(ppm)

6-4. Mg의 경도

H_{Mg}	mg/l(ppm)

실험 10

오렌지 주스의 비타민 C 정량분석

1. 목 적

2,6-dichlorophenolindophenol(DPIP; 지시약) 적정방법을 이용하여 오렌지 주스에 함유되어 있는 비타민 C의 양을 정량분석한다.

2. 원 리

2-1. 비타민 C의 화학적 특성

비타민 C(Vitamin-C)는 아스코르빈산(ascorbic acid)이라고 하며, 다음과 같이 2,3-enediol-L-gulonic acid-g-lactone의 구조를 가진다. 비타민 C의 가장 중요한 화학적 특징은 dehydro-L-ascorbic acid가 L-ascorbic acid로 산화-환원될 수 있다는 것이며, 이로 인해 생리적 활성과 안정성을 갖게 된다.

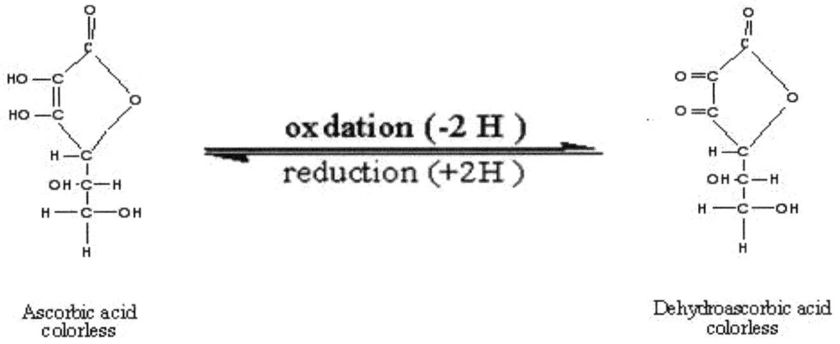

oxdation (-2 H)
reduction (+2H)

Ascorbic acid
colorless

Dehydroascorbic acid
colorless

비타민 C는 동물의 콜라겐(collagen)을 합성하는데 필수적이다. 비타민 C가 부족하면 콜라겐 합성과정이 차단되어 괴혈병의 전형적 증상인 출혈, 감염 및 뼈의 연화 등의 증상이 나타난다.

혈액응고에 관여하는 물질인 콜라겐을 합성하는 효소는 2가 상태의 철분(Fe^{2+})과 느슨하게 결합하고 있어야 활성형 효소로 작용하며, 철분이 산화되어 3가 상태(Fe^{3+})로 변하면 활성이 없어진다. 아스코르빈산은 3가 상태(Fe^{3+})의 철분을 2가 상태(Fe^{2+})로 환원시켜 주며 효소의 성분인 SH-기를 환원상태로 유지시켜 주는 기능이 있기 때문에 콜라겐 합성을 도와주는 조효소 (coenzyme)구실을 한다.

이와 같이 비타민 C가 강력한 환원력을 지닌 물질이기 때문에 콜라겐 합성을 도와줄 수 있으며, 이 외에도 산화-환원반응이 개입된 중요한 생명현상이 있다면 비타민 C가 필요할 것이라는 것을 예상할 수 있을 것이다.

2-2. 지시약(DPIP)을 이용한 비타민 C의 정량분석

비타민 C는 강력한 환원제이고, 실험에서 사용하는 지시약(DPIP)은 원래 장미 빛깔에서 환원되었을 때 무색으로 변하기 때문에 산화-환원 지시약이 없어도 적정에서의 종말점을 찾기가 쉽다. 비타민 C와 1:1로 반응한다고 알려진 지시약(DPIP)을 이용하면 농도를 알고 있는 지시약(DPIP)의 산화-환원 적정을 통해서 비타민 C의 분자량을 결정할 수 있고, 주스 안에 들어있는 비타민 C의 함량을 계산할 수 있다.

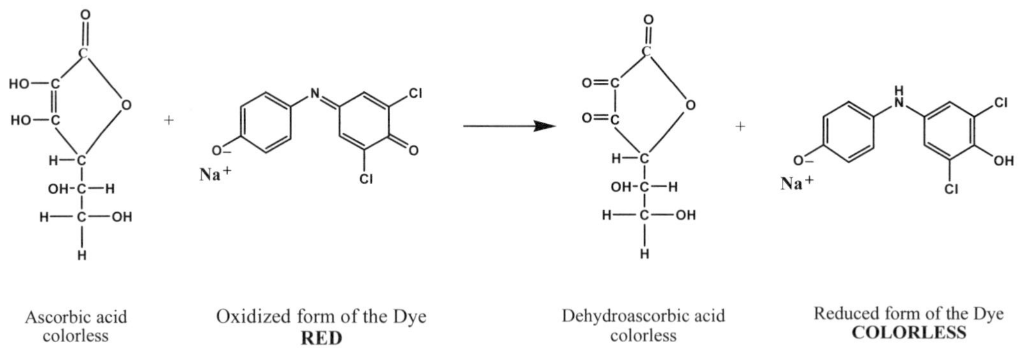

Ascorbic acid
colorless

Oxidized form of the Dye
RED

Dehydroascorbic acid
colorless

Reduced form of the Dye
COLORLESS

3. 기구 및 시약

1) 기구 : 뷰렛(25 ml), 스탠드, 클램프, 깔때기, 삼각플라스크(100 ml, 3개), 메스실린더(10 ml. 1개), 부피플라스크(100 ml, 1개), 스포이드(1개)
2) 시약 : DPIP(2,6-dichlorophenolindophenol) $C_{12}H_6C_{12}NNaO_2$(MW290.1g/mol), 비타민 C(L-ascorbic acid) (MW 176.13 g/mol), 오렌지 주스

4. 실험방법

4-1. 비티민 C 표준용액으로 Dye 표준용액의 적정

1) 지시약(DPIP)과 비타민 C 표준용액을 제조한다.
   ① 비타민 C 표준용액 : 아스코르빈산(Ascorbic acid) 0.01 g를 정확하게 측정해서 100 ml 부피플라스크에 증류수로 녹인다.
   ② 지시약(DPIP) 표준용액 : 지시약(DPIP) 0.038 g를 정확하게 측정해서 100 ml 부피플라스크에 증류수로 녹인다.
   (후드 안에 준비된 지시약(DPIP) 표준용액을 사용한다.)
   ※ 비타민 C 표준용액을 제조할 때 아스코르빈산(ascorbic acid) 대략 0.01 g정도를 취하고, 그 질량을 정확히 체크하면 된다.
2) 비타민 C 표준용액 약 5 ml를 이용하여 뷰렛을 씻는다.
3) 뷰렛을 비타민 C 표준용액으로 채운다.
4) 지시약(DPIP) 표준용액 5 ml를 정확히 측정하여 100 ml 삼각플라스크에 넣는다.
   ※ DPIP 표준용액의 양이 정확하지 않으면 오차가 커지므로 주의
5) 용액의 색이 푸른색에서 투명하게 변하면 실험이 완료된다.
6) 실험 간 오차가 0.1 ml이내가 되도록 실험을 반복한다.(3회)

4-2. 주스에 들어있는 비티민 C의 정량분석

1) 오렌지 주스 25 ml를 100 ml 부피플라스크에 넣고, 증류수로 100 ml까지 묽힌

다. (이를 sample solution이라고 하자.)

2) sample solution 약 5 ml를 이용해 뷰렛을 씻는다.
3) 뷰렛을 sample solution으로 채운다.
4) DPIP 표준용액 5.00 ml를 정확히 측정하여 100 ml 삼각플라스크에 넣는다.
5) 삼각플라스크 밑에 흰 종이를 깔고, 적정을 시작한다.
6) 용액의 색이 푸른색에서 연한 노란색(묽힌 주스 색)으로 변하는데, 푸른색이 없어질 때가 종말점이다.
7) 실험 간 오차가 0.1 ml 이내가 되도록 실험을 반복한다.(3회)

5. 보고서 작성

1) 실험 1에서 비타민 C의 분자량(176.13)을 모른다고 가정하고, DPIP와 반응한 mole 수를 구해 비타민 C의 분자량을 결정해 보자. 단, 비타민 C와 DPIP의 반응비는 1:1로 한다.
2) 비타민 C의 알려진 분자량을 이용해서 비타민 C와 DPIP가 실제 반응하는 몰수비가 1:1인지 확인해 보자. 만약 그렇지 않다면 그 이유에 대해서 생각해 보자.
3) 실험 2에서 사용한 오렌지 주스 25 ml안에 들어 있는 비타민 C의 양은 얼마인가?
4) 실험을 할 때에는 <u>**6. 데이터 처리**</u> 쪽에 필기구로 작성하고, 보고서를 작성할 때에는 <u>**6. 데이터 처리**</u> 쪽을 잘라내어 보고서에 붙여 보고서를 제출한다.

6. 데이터 처리

실험	첨가한 비타민 C 표준용액 양(ml)	실험	첨가한 sample solution 양(ml)
1회		1회	
2회		2회	
3회		3회	
평균		평균	

절
취
선

실험 11 재결정과 거르기

1. 실험목적

산-염기 성질을 이용해서 용해도가 비슷한 두 물질을 분리, 정제한다.

2. 시약 및 기구

(1) 시약 : 벤조산, 아세트아닐라이드, 벤조산과 아세트아닐라이드의 혼합물(1:1), 3M 수산화소듐, 5M 염산

(2) 기구 : 저울, 오븐, 가열기, 비커, 눈금실린더, 눈금 피펫, 유리 젓게, 시계접시, 온도계, 뷰흐너 깔대기, 감압플라스크, 물중탕 장치, 거름종이, pH 지시종이

3. 이론

(1) 혼합물의 분리방법

① 재결정

② 추출

③ 크로마토그래피

④ 증류

(2) 재결정 (recrystallization) : 온도에 따라 용해도가 크게 변하는 고체 물질의 혼합용액을 냉각하여 원하는 물질을 결정으로 분리하는 방법.

(3) 용해도(solubility) : 일정한 온도에서 용매 100g에 녹을 수 있는 용질 g의 최대량.

① 포화용액(saturated solution) : 용매에 녹을 수 있는 최대량의 용질이 녹아 있는 상태

② 불포화 용액(unsaturated solution) : 용질이 더 녹을 수 있는 용액 상태

③ 과포화용액(supersaturated solution) : 포화용액보다 용질이 더 녹아 불안정한 상태의 용액

(4) 물에 대한 벤조산과 아세트아닐라이드의 용해도

온도	10℃	25℃	95℃
벤조산	2.1g/L	3.4g/L	68g/L
아세트아닐라이드	-	5.4g/L	50g/L

(5) 벤조산과 아세트아닐라이드 : 두 화합물 모두 물에 조금 녹지만, 벤조산은 염기성 용액에서 해리되기 때문에 용해도가 커진다. 염기성 수용액에서는 아세트아닐라이드를 침전으로 분리한 다음에 용액을 산성으로 변화시켜 벤조산의 침전을 얻는다.

$$\text{benzoic acid (}C_6H_5COOH\text{)} + NaCl \underset{HCl}{\overset{NaOH}{\rightleftharpoons}} \text{sodium benzoate (}C_6H_5COO^-Na^+\text{)} + H_2O$$

4. 실험방법

〈실험A. 아세트아닐라이드의 분리와 재결정〉

① 벤조산과 아세트아닐라이드가 혼합된 시료 약 2g의 무게를 정확하게 측정해서 비커에 넣고 30 mL의 물을 넣는다.

② 시료의 50%가 벤조산이라고 생각하고 이를 중화시키는데 필요한 3M 수산화소듐의 부피를 계산하여 이 양의 1.5배를 시료가 녹아있는 비커에 넣는다.

③ 충분히 저어준 후에 pH 지시종이로 용액의 pH가 염기성인가를 확인한다. 만약 염기성이 아니면 수산화소듐을 몇 방울 더 넣어주고 다시 확인한다.

④ 용액을 거의 끓을 때까지 가열한다. 만약 녹지 않은 고체가 남아있으면 수산화소듐을 몇 방울 더 가한다.

⑤ 비커를 시계접시로 덮고 용액이 식을 때까지 기다린다.

⑥ 침전을 여과하고 차가운 물 1 mL씩으로 2-3회 씻어 내린다. 거른 용액과 침전을 씻은 용액은 모두 합쳐서 실험B에서 사용할 것이므로 잘 보관한다.

⑦ 침전을 말린 다음에 무게를 잰다.

〈실험B. 벤조산의 분리와 재결정〉

① 실험 A에서 얻은 거른 용액에 5M 염산을 넣은 용액이 산성이 되도록 한다. 필요한 염산의 부피는 실험 A에서 첨가한 수산화소듐의 부피와 비슷하다. 용액이 확실하게 산성이 되도록 만들기 위해서 염산을 약 1 mL 정도 더 첨가한다.

② 용액을 거의 끓을 정도로 가열한다. 뜨거운 상태에서도 녹지 않는 물질이 있으면 증류수 2-3 mL 씩 첨가한다.

③ 비커를 시계접시로 덮고 용액이 식을 때까지 기다린다.

④ 침전을 여과하고 차가운 물 1 mL 씩으로 2-3회 씻어 내린다.

⑤ 침전을 말린 다음에 무게를 잰다.

5. 주의사항

(1) 용액을 식히는 속도를 천천히 하여 결정이 서서히 만들어지도록 유도한다.

(2) 재결정 표면에 불순물이 부착된 경우 씻는 용매의 온도가 너무 높거나 너무 많은 양을 사용하면 회수된 재결정이 다시 녹아 버릴 수도 있다.

(3) 염산 사용 시 주의하여 취급하도록 한다.

6. 실험결과

① 분리와 재결정에 사용된 혼합 시료의 무게 : ______g

② 벤조산을 중화시키는데 사용한 수산화소듐의 부피 : ______ mL

③ 실험 A에서 얻은 아세트아닐라이드의 무게 : ______g

④ 실험 B에서 첨가한 염산의 부피 : ______mL

⑤ 실험 B에서 얻은 벤조산의 무게 : ______g

⑥ 아세트아닐라이드의 수율 : ______%

⑦ 벤조산의 수율 : ______%

절취선

실험 12

균일촉매 반응

1. 실험목적

H_2O_2의 분해반응에 $K_2Cr_2O_7$의 균일 촉매를 사용하여 촉매의 특성을 알아보며 반응 온도에따른 반응 속도를 측정한다.

2. 기구 및 시약

(1) 기구: 250mL 삼각플라스크, 기체부피 측정장치, 25mL/10mL 눈금실린더, 피펫. 초시계. 100mL비커, 물중탕장치, 온도계

(2) 시약 : 3% H_2O_2용액, 0.1M $K_2Cr_2O_7$용액

3. 이론

(1) 온도와 반응속도 : 대체로 반응속도는 온도가 증가함에 따라 증가한다.

(2) 아레니우스 식 : 온도와 속도상수와의 관계를 나타내는 식.

$$k = Ae^{-Ea/RT}$$

(3) 촉매 : 그 자체는 소모되지 않으면서 반응속도를 증가 또는 감소시키는 물질.

(4) 촉매의 종류

- 균일 촉매 : 반응물과 같은 상으로 존재하는 촉매

- 불균일 촉매 : 반응물과 다른 상으로 존재하는 촉매

(5) 실험에서의 반응식

- 빠 름

$K_2Cr_2O_7$ + $2H_2O_2 \rightleftharpoons 2H_2O$ + $K_2Cr_2O_9$

- 느 림

$K_2Cr_2O_9 \rightarrow O_2$ + $K_2Cr_2O_7$

4. 실험방법

4-1. 촉매재생관찰

① 100mL 비커에 0.1M $K_2Cr_2O_7$ 10mL와 3% H_2O_2 5mL를 혼합하여 넣고 색깔의 변화를 관찰한다.

② 용액의 색깔이 더 이상 변하지 않게 되면 3% H_2O_2 용액을 조금 더 넣고 색깔의 변화를 관찰한다.

4-2. 온도에 따른 반응 속도 관찰

① 기체부피 측정 장치를 준비한다.

② 250mL 삼각 플라스크에 0.1M $K_2Cr_2O_7$ 10mL와 증류수 15mL를 넣고 흔들어 주어서 혼합물의 온도가 비커에 담긴 물의 온도와 같아지도록 한다.

③ 3% H_2O_2 5mL를 넣고 마개를 막은 다음 잘 흔들어 준다.

④ 약 2mL의 O_2가 발생될 때부터 시간을 재기 시작한다.

⑤ O_2가 2mL씩 생성될 때마다 걸린 시간을 측정하는 일을 O_2가 14mL가 될 때까지 반복한다.

⑥ 얼음물(약 0℃)과 더운물(50℃)에서 위의 과정을 각각 반복 측정한다.(물중탕장치사용)

※ 주의사항

- 촉매재생관찰 실험 시 주위로 반응물이 많이 튀니 유의하도록 해야한다.
- 중크롬산칼륨용액을 쓸때는 꼭 비닐장갑을 끼도록 한다.
- 물관에 존재하는 기포들은 모두 제거해주어야 한다.
- 수위조절용기의 높이를 기체부피 측정관의 물 높이에 따라서 움직이면서 산소 기체의 부피를 측정해야한다.

절
취
선

5. 결과

(1) 색관찰 : (　　) → (　　) → (　　) → (　　)

(2) Data 처리

Volume(mL)	Time (sec)		
	0℃	20℃	50℃
2			
4			
6			
8			
10			
12			
14			
반응속도(V)			

(3) EXCEL DATA (Graph)

(4) 활성화 에너지 구하기

반응속도(v) = $k[H_2O_2]^m[K_2Cr_2O_7]^n$ 라고 하면

T_1에서의 반응속도를 v_1, 반응속도상수를 k_1 (T는 절대온도!!)

T_2에서의 반응속도를 v_2, 반응속도상수를 k_2 라 할 수 있다.

Arrhenius 식 $k = Ae^{-Ea/RT}$ 이므로

$v_1/v_2 = k_1/k_2 = e^{-(Ea/R)(1//T1-1/T2)}$

양변에 로그함수를 취하면

$\ln(v_1/v_2) = -(E_a/R)(1/T_1-1/T_2)$

$E_a = -\ln(v_1/v_2) \times 8.314J/mol \cdot K \times (1/(1/T_1K-1/T_2K))$

실험 13

생활 속의 염기 분석

1. 목적

산과 염기의 중화반응을 이용하여 제산제를 역적정해보고 시료의 함량을 결정한다.

2. 실험 기구와 시약

(1) 기구 : 삼각플라스크(100mL), 뷰렛, 피펫, 눈금실린더(25mL), 뷰렛클램프, 약포지, 약수저

(2) 시약 : 시판용 제산제, 0.5M HCl, 0.5M NaOH, 페놀프탈레인 용액

3. 이론

(1) 산-염기의 정의

① Arrhenius

② Bronsted-Lowry

③ Lewis

(2) 중화반응

⇒ 산과 염기의 중화반응은 매우 빠르고 화학량론적으로 일어나기 때문에 중화반응을 이용해서 수용액 속에 녹아있는 산이나 염기의 농도를 정확하게 알아낼 수 있다.

$M \cdot V = M` \cdot V`$

(3) 산-염기 적정

① 적정 (Titration)

② 표준용액(Standard titrant)

③ 당량점(Equivalent point)

④ 종말점(End point)

⑤ 역적정(Back titration)

(4) 제산제의 반응

$Mg(OH)_2 + 2HCl \rightarrow MgCl_2 + 2H_2O$

※ 표정(standardization) : 표준액의 농도를 적정에 의해 결정하는 조작

4. 실험 방법

① 시판되는 제산제의 함량을 확인하고 0.10g을 정확하게 측정하여 100mL 삼각플라스크에 넣는다.

② 0.5M HCl 표준용액 20mL를 피펫으로 측정하여 앞의 플라스크에 넣고 약 10~15분 정도 잘 섞어준다.

③ 제산제가 완전히 녹은 후에 페놀프탈레인 용액 2~3방울을 넣는다.

④ 0.5M NaOH 표준용액으로 적정한다.

⑤ 실험을 한번 더 반복한다.

※ 주의사항

1. 적정을 하는 동안에 용액을 잘 저어주어야 하고, 수산화나트륨 표준 용액을 너무 빨리 넣지 말아야한다.
2. 종말점에 가까이 가게 되어 용액에 붉은 빛이 보였다 사라지기를 반복하게 되면 적정속도를 더 천천히 한다.
3. 색 변화를 자세히 관찰하기 위해 삼각플라스크 아래 흰 종이를 깔아두면 유리하다.

5. 데이터와 결과

	1회	2회
넣어준 제산제의 무게		
넣어준 HCl의 농도		
넣어준 HCl의 부피		
넣어준 HCl의 몰수 _①		
NaOH 표준용액의 농도		
소비된 NaOH의 부피		
소비된 NaOH의 몰수 _②		
중화후 남은 HCl의 몰수 _③		
중화에 사용된 HCl의 몰수 _④		
HCl와 반응한 제산제의 몰수 _⑤		
제산제의 무게 _⑥		
제산제의 순도 _⑦		

① 넣어준 HCl의 몰수(mol)
= 넣어준 HCl의 농도(mol/L) × 넣어준 HCl의 부피(L)

② 소비된 NaOH의 몰수(mol)
= NaOH 표준용액의 농도(mol/L) × 소비된 NaOH의 부피(L)

③ 중화 후 남은 HCl의 몰수 = 소비된 NaOH의 몰수

④ 중화에 사용된 HCl의 몰수
= 넣어준 HCl의 몰수(mol) - 중화 후 남은 HCl의 몰수(mol)

⑤ HCl와 반응한 제산제의 몰수
= 중화에 사용된 HCl의 몰수(mol) / 2

⑥ 제산제의 무게(g)
= 제산제의 분자량(58.0 g/mol) × 제산제의 몰 수(mol)

⑦ 제산제의 순도
= (제산제의 무게(g) / 처음 넣어준 제산제의 무게(g)) × 100%

절취선

실험 14

알코올의 정성 분석

1. 목적

화학반응을 통해 알코올 구별(1, 2, 3차 알코올) 및 알코올의 성질 파악

2. 이론

알코올은 작용기로 -OH(히드록시기)를 갖는다.

분 자 식	이 름	특 징
CH_3-OH	메탄올	치명적인 독극물
CH_3CH_2-OH	에탄올	술의 주성분
$CH_3CH_2CH_2$-OH	1-프로판올	

〈알코올의 분류〉

1차 알코올 : 히드록시기가 결합된 탄소원자에 탄화수소기가 1개 달려 있는 화합물

2차 알코올 : 히드록시기가 결합된 탄소원자에 탄화수소기가 2개 달려 있는 화합물

3차 알코올 : 히드록시기가 결합된 탄소원자에 탄화수소기가 3개 달려 있는 화합물

```
    H                      H                      R
R-C-OH                 R-C-OH                 R-C-OH
    H    ──────────→      R    ──────────→      R
1차 알코올             2차 알코올             3차 알코올
```

3. 실험

3-1. Lucas 시험 ($ZnCl_2$를 진한 염산원액에 녹인 시약으로 위험!)

(1) 1차 알코올 : 상온에서 염산과 반응 없다.
(2) 2차 알코올 : 서서히 반응, 염화알킬 생성, Lucas시약위에 섞이지 않는 층 형성
(3) 3차 알코올 : Lucas시약과 매우 빨리 반응, 2차 알코올과 같은 현상 나타냄.

$$ROH + HCl \xrightarrow{ZnCl_2} RCl + H_2O$$

• 방 법 : ① 각 시험관에 Lucas시약을 1/4정도 넣는다.
② 1, 2, 3차 알코올 8-10방울 가하고 잘 섞는다.

• 결 과 : ① 1차 알코올 : 수용액에 녹아 맑은 용액이 됨
② 2차 알코올 : 2-5분 후 용액이 흐려짐.(실제로는 구분이 어려움)
③ 3차 알코올 : 곧 용액이 흐려짐. 수용액과 섞이지 않는 층 형성.
* 탄소수가 6이상은 Lucas시약에 녹지 않으므로 확인 불가능.

3-2. 크롬산 시험 (산화크롬(CrO_3)을 진한 황산에 녹인 시약으로 위험!)

산화크롬(VI)은 진한 황산에 녹아 오렌지 색을 나타냄.
알코올을 산화시켜 Cr(VI)에서 Cr(III)로 환원될 때 초록색을 나타냄.

$$2CrO_3 + 2H_2O \xrightarrow{H^+} 2H_2CrO_4 \xrightarrow{H^+} H_2Cr_2O_7 + H_2O$$

붉은색 노란색 오렌지색

(1) 1차 알코올

$$R-\underset{H}{\overset{H}{\underset{|}{\overset{|}{C}}}}-OH \xrightarrow{Cr_2O_7^{2-}} R-\underset{O}{\underset{\|}{C}}-H \xrightarrow{Cr_2O_7^{2-}} R-\underset{O}{\underset{\|}{C}}-OH$$

(2) 2차 알코올

$$R-\underset{R}{\overset{H}{\underset{|}{\overset{|}{C}}}}-OH \xrightarrow{Cr_2O_7^{2-}} R-\underset{O}{\underset{\|}{C}}-H$$

(3) 3차 알코올 : 산화하지 않으므로 크롬산이 오렌지색으로 변화하지 않음.

- 방 법 : ① 시약용 아세톤을 시험관의 1/5이 되도록 넣고 각각 알코올을 1방울 씩 넣는다.
  ② 여기에 크롬산시약 1방울을 가한다.(수초내에 일어나는 현상 관찰)

- 결 과 : ① 1, 2차 알코올 : 청색-초록색을 나타냄.
  ② 3차 알코올 : 색변화가 없다.

실험 15

시계반응

1. 목적

반응속도 변화에 따른 농도변화를 색으로 관찰하여 반응시간, 반응속도에 대한 이해를 높임

2. 이론

1) 속도상수 k : 반응물의 농도에 무관하고, 반응의 종류, 온도에 의존

2) 반응 차수 m, n (실험에 의해서만 결정)
총 차수 : 각 농도차수의 합 (m+n)

3) 반응 속도에 영향을 주는 요인

가) 농도

- 영차 반응 : 속도가 농도에 무관
- 1 차 반응 : 속도가 농도에 일차적으로 비례
- 2 차 반응 : 속도가 농도의 제곱에 비례

나) 표면적 (특히 고체) : 반응물 입자의 표면적이 증가할 수록 반응속도 증가

다) 온도 (속도상수에 영향 → 속도의 변화)

* Arrhenius eq. $k = Ae^{-Ea/RT}$; $Ea \propto T$ (온도)

라) 촉매 :

- 부촉매 : 반응속도 감소
- 정촉매 : 반응속도 증가 (원래 경로보다 낮은 Ea를 갖는다.)

4) 속도 결정 단계 : 전체 반응이 다단계로 나누어 일어나는 반응 중에서, 가장 느린 단계가 전체반응의 속도를 좌우하며 이 가장 느린 단계를 속도결정단계라 한다. (←) 빠른 단계에 의하여 생성된 중간물질이 많이 생성되었어도 느린 단계를 거치지 않고 반응이 일어나지 못하므로 전체 반응속도는 느린 단계에 의해 결정됨.

3. 실험방법

$3I^-(aq) + S_2O_8^{2-}(aq) \rightarrow I_3^-(aq) + 2SO_4^{2-}(aq)$ (1) Slow ; 속도결정단계

$I_3^-(aq) + 2S_2O_3^{2-}(aq) \rightarrow 3I^-(aq) + S_4O_6^{2-}(aq)$ (2) Fast

반응	100ml 삼각플라스크		50ml 삼각플라스크	
1	5.0ml	0.20M KI	10.0ml	0.10M $(NH_4)_2S_2O_8$
2	10.0ml	0.20M KI	5.0ml 5.0ml	0.10M $(NH_4)_2S_2O_8$ 0.10M $(NH_4)_2SO_4$
3	4.0ml 6.0ml	0.20M KI 0.20M KCl	10.0ml	0.10M $(NH_4)_2S_2O_8$

반응속도 = $k[I^-]^m[S_2O_8^{2-}]^n$

(k는 속도상수이고, m과 n은 반응 차수이다.)

반응(1)로 부터 생성된 I2는 (2)반응에 의하여 빠르게 없어진다. 반응 용기 속에 들어있던 0.005M $S_2O_3^{2-}$ 5ml 가 모두 소모되면 (1)에 의해 생성된 I_2는 I^-로 전환하지 못하고 반응 용기 중의 녹말과 푸른 착물을 이루어 색이 나타난다. 1, 2, 3, 6번 비이커에 대해 5ml의 0.005M $S_2O_3^{2-}$를 소모시키는 시간을 측정한다.

4-1. 반응속도에 미치는 농도의 영향

1) 100ml 삼각플라스크에 0.005M $Na_2S_2O_3$ 5ml 와 녹말용액 3~4 방울을 넣는다.
2) 위와 같이 용액을 준비한 후 삼각 플라스크의 용액을 반응 플라스크에 재빨리 붓고, 온도계를 넣고 초를 재기 시작한다.
3) 녹말 지시약이 요오드분자와 착물을 이루어 청색을 띄게 되면 그 순간의 시간을 기록하고, 용액의 온도를 기록한다.

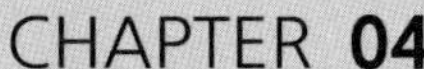

CHAPTER **04**

실 습

[실습 1] 전기화학 (갈바니 전지) 123
[실습 2] FT-IR 129
[실습 3] 아스피린 합성 141
[실습 4] 나일론 합성 145

실습 1

갈바니 전지 제조(전기화학)

1. 목 적

자발적으로 일어나고, 에너지를 낼 수 있는 산화 · 환원반응은 외부 회로에 전류를 흐르게 할 수 있다. 이 원리를 이용하여 갈바니 전지의 작동원리를 이해한다.

2. 원 리

전기화학은 산화 · 환원반응의 경우와 같이 전자의 이동을 포함하는 화학변화에 기초를 두고 있다. 전자의 이동으로 발생하는 화학반응은 갈바니 전지에서와 같이 자발적으로 일어나서 전기에너지를 생산해 낼 수도 있으나 전기분해에서와 같이 반응이 자발적이지 못하고, 전기에너지를 외부에서 공급해야 반응이 일어나는 경우도 있다.

화학전지는 두 가지 반쪽반응(half reaction)을 포함한다. 전자가 방출되는 쪽인 산화 반쪽반응과 전자를 받아들이는 쪽인 화원 반쪽반응이 그것이다. 전지에서 우리가 실험적으로 측정할 수 있는 유일한 양인 알짜 전압은 두 가지의 반쪽반응에 대한 전위(electric potential)의 단순한 합이다. 각 반응에 대한 전위는 직접 측정할 수 없기 때문에 반쪽반응에 대한 수치는 표준수소 반쪽반응과 같은 대조 반응에 그 근거를 두고 있다.

자발적으로 일어나고 에너지를 낼 수 있는 산화 · 환원 반응은 외부회로에 전류를 흐르게 할 수 있으며, 갈바니 전지도 이 원리를 이용한다. 일상적으로 많이 쓰는 납축전지는 산화 · 환원 반응이 일어나는 전지를 다수 연결한 것이다. 갈바니 전지에서 산화 반쪽반응과 환원 반쪽반응은 각각 다른 전극에서 일어난다. 이 전지에서는 한쪽 전극에서 일어나는 산화 반쪽반응에 의하여 방출되는 전자가 외부의 금속 도선을 통하여 환원 반쪽반응이 일어나는 다른 쪽 전극으로 흐를 수 있도록 구성되어 있다. 금속 도선을 통하여 흐르는 전자의 흐름이 곧 전류이다. 전지 전체로서의 알짜반응이 하나의 산화 · 환원반응이다.

Daniel 전지는 구성하기가 매우 쉬운 하나의 갈바니 전지이다. 자발적으로 일어나지 않는 산화 · 환원반응의 경우는 반응을 일으키기 위하여 전기에너지의 공급이 필요하다. 전기분해를 하려면 전해질 용액에 다른 전지에 의해서 전류(전자의 흐름)를 흘려주어야 하는데, 이때 전극에서 화학반응이 일어난다. 이때, 양극(anode)에서는 강제적인 전자의 방출이 일어나고, 이들 전자는 외부 도선을 통하여 환원 반쪽반응이 일어나 음극(cathode)으로 들어간다. 전해전지(electric cell) 중의 용액을 통한 전하의 이동은 반대 전하를 가진 전극을 향하여 이온이 이동함으로써 이루어진다. 일정한 전기분해 시간 중 음극에 들어온 전자의 수는 양극을 떠난 전자의 수와 같다.

본 실습에서는 몇 개의 Daniel 전지를 구성하고, 전지의 전압을 측정한다. 각 전지에 있어서 하나의 반쪽반응은 모두 같게 하고, 다른 반쪽반응에 대하여 그 반응이 일어날 수 있는 상대적인 능력을 측정하여 전극세기의 순서를 정할 수 있을 것이다.

3. 기구 및 시약

1) 기구 : 전압계, 구리선, U자관, 고무마개
2) 재료 및 시약 : 구리 판, 아연 판, 마그네슘 판, 주석 판, 황산구리 ($CuSO_4 \cdot 5H_2O$), 황산나트륨(Na_2SO_4)

4. 실험방법

1) 구리와 아연, 구리와 마그네슘, 구리와 주석 전극으로 〈그림 1〉과 같은 전지를 만든다.
2) U자관에 0.5M 황산나트륨 용액 250 ml를 넣고, 조그만 황산구리 결정을 몇 개 넣는다. 구리전극이 U자관 아래 부분에 있는 결정에 닿도록 놓는다. 이때, 용액이 섞이지 않도록 주의한다.
3) 마개로 도선을 고정한다.
4) 아연전극을 U자관의 다른 편의 약간 윗부분에 위치시키고 고무마개로 고정한다.
5) 전지를 만들고, 나서 전극이 전자를 잃고 받아들이는 현상을 판별하기 위하여 다음 실험을 한다.

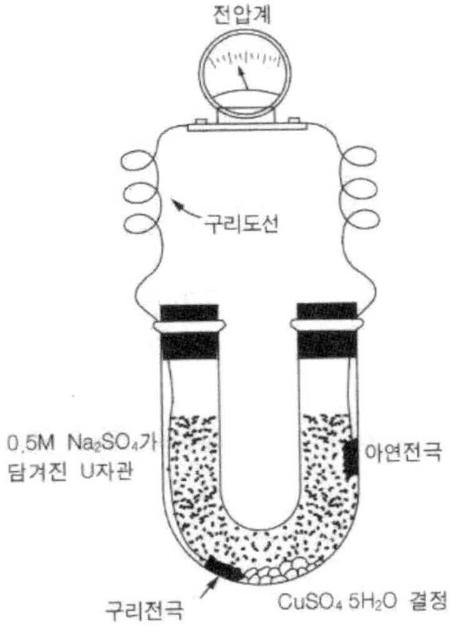

〈그림 1〉 갈바니 전지

6) 시계접시(wash glass)에 거름종이를 놓고, 1 ml의 녹말-아이오딘화칼륨 용액을 붓고, 3M 염산 1방울을 넣는다.
7) 전지로부터 나온 도선을 거름종이에 1 cm 정도 떨어지게 하여 접촉시킨다.
8) 전자를 받아들이는 반쪽반응이 일어나는 전극에 연결된 도선에서는 아이오딘이 생성되어 파란색이 보일 것이다.
9) 전자가 흐르는 방향을 스케치하여라.
10) 다니엘 전지의 전위는 도선의 끝을 전압계에 연결하여 측정할 수 있다. 보고서에 각자의 데이터를 기록하여라.
11) 전지를 분해하여 아연전극을 바꾼다.
12) 마그네슘과 주석전극을 아연전극 위치에 각각 대치시켜 넣어서 유사한 두 개의 갈바니 전지를 만든다.
13) 두 전지로부터 발생하는 각각의 전압을 측정하여 기록하여라.

5. 보고서 작성

1) 화학전지의 원리는 무엇인가?
2) 산화전극과 환원전극이란 무엇인가?
3) 실생활에 사용되는 전지에는 어떤 것이 있으며, 갈바니 전지와 차이점은 무엇인가?
4) 전극의 변화에 따른 측정전압을 조사하여라.
5) 구리와 아연, 구리와 마그네슘, 구리와 주석 전극에서의 알짜반응식을 쓰시오.
6) 갈바니 전지 이외의 전지를 제작해 보아라.
7) 실험을 할 때에는 **6. 데이터 처리** 쪽에 필기구로 작성하고, 보고서를 작성할 때에는 **6. 데이터 처리** 쪽을 잘라내어 보고서에 붙여 보고서를 제출한다.

6. 데이터 처리

전 극	측정전압(V)	전자가 흐르는 방향	알짜반응식
구리와 아연 전극			
구리와 마그네슘 전극			
구리와 주석 전극			

절 취 선

실습 2 FT-IR (Fourier Transform-Infrared Spectrometry)

1. 목 적

FT-IR을 이용하여 미지의 시료와 benzoic acid를 분석하는 방법을 이해한다.

2. 원 리

2-1. FT-IR의 원리

FT-IR은 two-beam interferometer인 마이켈슨 간섭계의 원리를 이용한다. 즉, 한쪽의 거울을 움직이면서 측정한 빛의 세기를 거리에 대하여 Fourier 변환을 하게 되면, 주파수(파장의 역수)에 대한 빛의 세기 분포인 spectrum을 얻게 된다. 기존의 회절격자를 이용한 적외선 기기는 슬릿 및 회절격자에 의하여 결정된 작은 주파수 영역의 빛만을 측정하게 되므로, 감지기(detector)의 신호가 매우 작아 높은 분해능과 신호 대 잡음비를 기대하기 어렵다.

이에 비해, FT-IR은 전체 파장영역의 빛을 동시에 측정하기 때문에 높은 신호 대 잡음비를 얻을 수 있다. 또한 분해능은 거울의 이동거리에 의해 결정되어, 이것을 늘리면 분해능을 현격히 높일 수 있다. 따라서 FT-IR은 우수한 광원이나 감지기가 개발되어 있지 않은 적외선 및 원적외선 영역에서 그 진가를 발휘하게 된다.

1) 분자가 일으킬 수 있는 진동운동의 진동방식(vibration mode)

① 신축진동(stretching vibration) 방식 : 두 원자 사이의 결합 축에 따라 원자 간의 거리가 계속하여 변화하는 운동이다. 즉, 원자들 사이의 결합길이가 길어

졌다 짧아졌다 하는 진동방식으로써 대칭과 비대칭 진동이 있다.

② 굽힘진동(bending vibration) 방식 : 두 결합 사이의 각도가 변하는 진동이다. 즉, 원자들 사이에 이루고 있는 결합각이 변하는 방식으로, 가위질 진동(scissoring), 좌우 흔듦 진동(rocking), 앞뒤 흔듦 진동(wagging), 꼬임 진동 (twisting)으로 구분된다.

※ 진동의 형태 : 2원자 또는 3원자로 구성된 간단한 분자의 경우에는 진동의 성질과 진동수를 쉽게 알 수 있고, 흡수에너지에 관련시키기도 쉽지만 다원자 분자의 경우에는 진동하는 중심원자가 여러 개 있을 뿐만 아니라 중심원자 간에 상호용이 일어나고, 그것을 고려해야 하므로, 이와 같은 해석은 불가능하지는 않지만 매우 복잡하다. 세 개 이상의 원자를 포함하는 분자의 경우에는 위의 모든 진동 상태가 일어날 수 있다.

2) 진동운동을 일으키기 위해서는 결합의 종류 및 세기, 그리고 결합을 하고 있는 원자의 종류에 따라 고유한 진동 주파수에 해당하는 빛 에너지를 흡수해야 한다.

3) 분자에 IR를 쬐어주면 이들이 진동을 일으키는 데 필요한 주파수의 빛을 흡수하여 이 에너지에 대응하는 특성적인 적외선 스펙트럼을 나타내게 된다.

4) 이 적외선 스펙트럼을 분자구조와 관련지어 해석하면 분자구조에 대한 정보를 얻을 수 있다.

2-2. FT-IR의 기기적 구성 및 작동원리

가. 작동 메커니즘

만족한 인터페로 그램(그리고 만족한 스펙트럼)을 얻는 데에는 움직이는 거울의 속도가 비교적 일정하고, 그것의 위치가 어느 순간에서나 정확하게 알려지는 것이 중요하다. 또한 거울의 평면성은 10 cm 또는 그 이상을 이동하는 동안에도 완전히 일정하게 유지되어야 한다. 파장이 ㎛ 범위인 원 적외선 영역에서 파장의 몇 분량에 해당하는 거울의 변위와 그 위치는 전동기로 작동하는 마이크로미터 눈금이 되어 있는 나사로 정확하게 측정된다. 중간 및 근 적외선 영역에서는 더 정밀하고 정교한 메커니즘이 필요하다. 여기에서 거울 설치장치는 일반적으로 꼭 들어맞는 스테인리스스틸 관내에 있는 공기 쿠션에 떠 있다. 그 장치는 확성기의 소리 코일과 비슷한 전자식 코일에 의하여 움직이게 된다. 코일에 전류가 서서히 증가하면 일정한 속도로 거울은 움직이게 된다.

거울이 일단 목적 위치에 도달하게 되면 거울은 전류의 빠른 발전에 의해 출발점으로 빠르게 되돌아가서 다시 새로운 주사를 시작한다. 움직이는 길이는 2~20 cm까지 변하며, 주사속도는 0.05~4 cm/s 범위이다. 적외선 영역에서 성공적으로 작동하려면 거울 시스템에 두 개의 특징이 또 있어야 한다. 첫째는 정밀한 지연간격에서 인터페로그램을 취재하는 것이며, 둘째는 신호 평균화를 하는데 정확한 영-지연점을 측정하는 것이다. 만약 이 점을 정확하게 알지 못하면 반복주사에서 얻은 신호의 위상이 정확하게 일치하지 않게 된다. 그리하여 신호 평균화는 신호를 향상시키기보다는 오히려 퇴화시키게 된다.

나. Interferometer (간섭계)

Interferometer의 이동성 거울은 거울이 움직이는 방법에 따라 분류가 가능하며, 각각 다음과 같은 특징을 나타낸다.

① Rapid-scanning interferometer

Rapid-scanning interferometers는 각 영역의 파수가 audio-frequency 영역으로 변조될 수 있을 정도로 거울의 이동속도가 빠르기 때문에 적외선 분광학의 응용성을 크게 향상시켰다. 그러나 interferogram을 얻는 방법에 의해 몇 가지 제한점이 파생되기도 한다. 즉, 한번 시료를 측정하기 위해선 moving mirror가 특정한 자리까지 1회 이동해야 하며, 이 시간동안 시료는 일정한 상태를 유지해야 한다. 또한 가장 빠른 scanner가 초당 50회밖에 측정할 수 없기 때문에 이보다 더 빠른 시간에 다른 변화를 보이는 시료의 경우는 측정이 불가능하며, 변조된 IR 신호가 입사파장과 거울속도의 함수이기 때문에 전체측정 영역에 대해서 일정한 상태로 신호 변조가 일어나지 않는다. 이와 같은 단점을 보완하기 위해서 Step-scanning interferometer가 개발되었다.

② Step-scanning interferometer

Moving mirror가 각각의 측정위치로 step-wise 형식으로 이동하는 interferometer를 말한다.

Moving mirror는 He-Ne laser signal을 reference로 하여 이동축을 따라 step으로 이동하여 각 위치에서 측정시간 동안 정지이동있다. 정지이동있는 동안 그 위치에 상응하는 interferogram point가 얻어지면 moving mirror는 다음 위치로 이동하여 같은 과정을 반복한다. 이 시스템은 IR 빛을 폭 넓게 변조시키며, 신호 변조를 각 파장에 대해서 일정하게 유지하기 때문에 photochemical이나 electrochemical reaction, polymer stretching과 같이 매우 이동반복적이며, 재현성 있는 시료의 측정에 유용하다.

③ Slow-scanning interferometer

변조 주파수가 1 Hz보다 작은 값을 가질 정도로 거울의 이동속도가 느린 시스템을 말한다. Interferogram을 정확히 측정하기 위해서 laser interferometer와 같은 부수 fringe-reference device를 이용하여 이동거울의 위치를 정확히 monitoring 해야 한다. 또한 파수가 작은 영역에서의 noise를 제거하지 않으면 신호를 증폭시키기 힘들기 때문에 mechanical chopper를 이용하여 신호를 변조시키는 과정이 필요하다.

다. 광원

적외선 분광 광도계에서 주로 쓰이는 광선은 Nernst golwer 또는 Globar의 두 가지이다. Nernst golwer는 지르코늄, 토륨 및 세륨과 같은 희토류 금속 산화물에 결합제를 첨가하여 만든 작고 가는 막대이고, Globar는 실리콘 카바이드(Sic)의 가는 막대로서, 이를 약 1000~1800℃ 정도로 가열하면 적외선 영역의 빛이 방출된다. 그밖에 최근에 발전되고 있는 Fourier transform-IR(FT-IR)는 He-Ne laser를 광원으로 사용한다.

라. Beam splitter

Beam splitter는 보통 다음과 같이 세 종류로 분류할 수 있다.

① Quartz나 alkali halide에 film을 입힌 것
② Mylar(polyethylene terephthalate) film
③ Wire

이 중 wire는 크게 만들 수 없어 사용 제한을 받고, Mylar는 효율면에서 제한을 받기 때문에 quartz나 alkali halide 계통이 만들기는 어려워도 효율이 높아 가장 많이 쓰이고 있다.

마. 단색화 장치

적외선 영역의 빛을 파장별로 정확하고 예민하게 분리하기 위한 단색화 장치는 분광기의 심장부라고 할 수 있다. 일반적으로 프리즘 또는 회절발(grating)로 빛을 분산시켜 단색광을 얻는데, 이와 같은 장치를 분산형 단색광기(dispersive monochromator)라 한다. 분해능은 회절발이 프리즘보다 비교적 좋은 편이다.

바. 검출계

FT-IR의 경우엔 분산형 IR의 경우와 달리 검출계에 도달하는 infrared radiation과 radiation으로 인해 검출계로부터 발생하는 전기적인 signal과 optical retardation, velocity 등 이들 삼자가 동시에 고려되어야 하며, 검출계에 도달함으로 발생하는 주파수는 검출계의 electronics의 speed와 match 되게끔 선정해야 한다. 한 걸음 더 나아가서 이런 검출계에 도달한 signal을 증폭시키고 그 후 digitization하여 원하는 signal로 얻기 위해서는 충분한 능력을 가진 장치를 갖추어야 한다.

사. 기록계

검출기로부터 측정된 결과는 자동 기록계(recorder)에 의하여 기록된다. 스펙트럼의 가로축은 주파수 (v), 파수(cm^{-1})또는 파장(λ) 등으로 표시되고, 세로축은 흡광도(A)

또는 %T로 표시된다. 각 흡수 피크의 세기, 즉 흡광도 A는 Beer-Lambert의 법칙에 따라 시료의 농도 c(mol/1) 및 시료의 두께 b(cm)에 비례한다. 이것은 다른 분광법과 마찬가지로 적외선 분광법으로 정량을 할 수 있는 기초원리가 된다.

일반적으로 스펙트럼은 4000 cm^{-1}에서 시작하여 낮은 파수로 가면서 일정한 속도로 기록하게 되는데, 이것을 기록(recording) 또는 주사scanning)라 한다. 또한 최근에는 대부분의 기기가 기록은 물론 기기의 모든 측정조건을 수동적으로 조절하지 않고, 자동적으로 조절하여 작동하는 마이크로프로세서 (micro-processor)장치를 가진 것이 상품화되고 있다. 그리고 컴퓨터가 부착된 기기도 시판되고 있는데, 이것은 기기 측정조건뿐만 아니라 얻어진 스펙트럼이나 자료를 기억시키고, 이미 기억장치에 저장된 여러 가지 물질들의 스펙트럼과 비교하여 분석 물질을 확인할 수 있는 등의 여러 가지 기능을 발휘할 수 있다. 그리고 분광기를 오랫동안 사용하면 기기 자체의 오차와 조작 및 측정조건의 불균일성 때문에 스펙트럼의 위치가 원래의 자리로부터 벗어나는 경우가 생기게 된다. 따라서 가끔 흡수피크의 정확한 위치를 보정할 필요가 있다. 일반적으로는 폴리스티렌의 얇은 필름을 사용하여 보정해야 하는데, 이것은 IR의 전 영역에 걸쳐 여러 가지 예민한 피크를 나타내기 때문이다.

2-3. 주요 분석능력

1) 고체, 액체, 기체상태의 유기, 무기 물질의 소량(20 ㎍) 분석이 가능하다.
2) Michelson 간섭계를 사용하여 고감도(분산형 IR보다 100배)와 분석시간이 아주 짧다. (분산형 IR보다 80배)
3) 기기내 파수를 자동적으로 보정할 수 있어서 공제 분광법이나 library search를 가능하게 한다.
4) 일정한 분해능(0.5 cm^{-1})과 Stray Light가 없어서 정량분석에서 정확도(0.01 cm^{-1})가 증가한다.
5) 다양한 분석전 처리 : 고체시료는 KBr disc법, 액체는 Nujol법, neat법으로 측정하며, 기체는 KBr window gas cell을 이용하여 각각 측정 가능하다.
6) 분석의 예 : 신물질 개발의약품, 반도체, 무기재료 합성품의 구조 확인.
   미세구조의 연구 (관능기 확인)

섬유, 필름, 접착제, 페인트 등의 정성분석 (ATR)
단 분자의 얇은 막 측정 (ATR)
시료 표면의 산화, 분해, 오염에 관한 연구 (DRIFT)

2-4. 분석이 가능한 시료조건

1) Solid state sample 만 가능하다. Liquid 와 Gas type의 sample은 holding cell을 구비하고 있지 않기 때문에 분석이 불가능하다.
2) Transmittance 실험 시 효율적인 실험을 위해 Reference(기판, 순수한 KBr pellet 등)가 필요하다.
3) Sample의 size는 약 지름이 1 cm 정도의 크기이면 된다.
4) 모든 시료는 바로 측정이 가능한 상태로 시료준비를 해야 한다. Polycrystalline pellet sample인 경우에는 특별한 처리가 필요하지 않지만, 소량의 powder인 경우는 KBr에 섞어 만든 pellet을 준비한다.

3. 기구 및 시약

1) FT-IR(Fourier Transform - Infrared Spectrometry, 적외선 분광기) 기기 모델명 : JASCO FT/IR-460 plus

2) 시약 : bis-phenol, kBr

4. 실험방법

4-1. 고체시료 실험 (Bis-phenol)

시료를 KBr과 비율(200:1 정도가 적당)을 맞추어서 아주 곱게 간다.

압축판에 곱게 간 시료를 적당량 넣은 후 압축기를 이용하여 60 Mpa의 힘으로 압축시킨다.
(IR 측정용 시료는 반투명하고, 매우 얇은 것이 좋다.)

아무것도 분석기에 넣지 않고, background를 찍어서
공기 중의 CO^2 peak 같은 것을 제거한다.

시료 장착기에 압축한 시료를 넣고, 시료만의 IR peak를 찍는다.

peak를 보고, 구성물질을 분석한다.

4-2. 미지의 액체시료

투명한 KBr판에 시료를 주사기로 한 방울 떨어뜨리고, 다른 KBr 판으로 압축시켜 액체시료가
두 판 사이에 골고루 퍼질 수 있도록 한다.

시료 장착기에 이것을 장착한다.

고체측정과 마찬가지로 background를 찍는다.

시료를 장착한 시료장착기를 기기에 넣고, 시료만의 IR peak를 찍는다.

peak를 보고, 시료물질이 무엇인지 찾는다.

> **※ 실험시 주의사항**
>
> 1) 적외선은 열선이기 때문에 열로 인해 기기에 무리가 갈 수 있으므로, 액체질소(−196℃)를 실험 시에는 기기 안에 넣어주어 기기에 열선으로 인한 무리가 가지 않도록 한다.
>
> 2) 고체시료를 측정할 때에는 적외선이 잘 통과할 수 있도록 매우 투명하고, 얇게 만들어야 한다.

5. 보고서 작성

1) 분자진동의 종류는?
2) Lambert Beer의 법칙을 설명하여라.
3) 측정하려는 고체시료에 KBr을 섞는 이유는 무엇인가?
4) 다른 분석기기 종류에는 어떤 것이 있으며, 그 원리는? 만약 가능하다면 조사한 다른 분석기기를 이용하여 측정을 실시해보고, 분석해 보아라.
5) 실험을 할 때에는 **6. 데이터 처리** 쪽에 필기구로 작성하고, 보고서를 작성할 때에는 **6. 데이터 처리** 쪽을 잘라내어 보고서에 붙여 보고서를 제출한다.

6. 데이터 처리

실제 시료를 FT-IR로 분석한 데이터를 가지고, 그 물질의 성분이 무엇인지 예상해 본다.

ex)

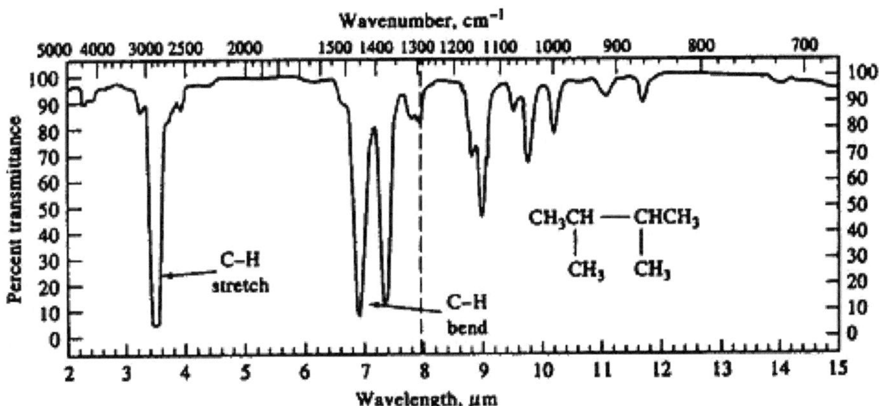

절취선

실습 3

아스피린 합성

1. 실험목적

가장 성공적인 의약품의 하나인 아스피린의 합성을 통하여 유기합성의 의미를 배운다.

2. 기구 및 시약

(1) 기구 : 물중탕용기, 삼각플라스크(50mL), 비이커(100mL), 유리막대, 클램프, 눈금실린더, 감압플라스크, 온도계, 거름종이, 피펫

(2) 시약 : 살리실산, 아세트산무수물, 85% 인산

3. 이론

(1) 유기합성

(2) 작용기 (functional group)

(3) 에스터화 반응 (esterification)

(4) 재결정 (recrystallization)

(5) 정제

(6) 아스피린

4. 실험방법

(1) 살리실산 2.5 g을 50 mL 삼각플라스크에 넣고 과량의 아세트산 무수물 3 mL 넣는다. 이 때 용기 벽에 묻은 살리실산을 모두 씻어낼 수 있도록 용기 벽을 따라 무수물이 흘러내리도록 한다.

(2) 물중탕 장치를 준비하여 삼각플라스크 고정하고 85%인산 3-4방울을 촉매로 넣어준 뒤 온도를 70~850℃로 유지하며 10분간 가열하여 반응을 완결 시킨다.

(3) 증류수 2 mL를 조심스럽게 넣어 반응하지 않고 남아있는 아세트산 무수물을 분해시킨다. 아세트산 무수물이 분해되는 동안에 아세트산 증기가 발생하므로 실험실의 환기가 잘 되도록 한다.

(4) 증기가 더 이상 발생하지 않으면 플라스크를 물중탕에서 꺼내 증류수 20 mL를 넣고 실온까지 냉각시킨다. (아스피린 결정이 생성되지 않을 경우 플라스크를 얼음물로 냉각시키고 유리막대로 플라스크 안쪽을 긁어준다.)

(5) 생성된 결정을 감압여과기로 거른 후 5 mL 얼음물로 씻고, 다른 거름종이로 옮겨 오븐에서 10-20 분 동안 말린 후 무게를 잰다.

5. 주의 사항

(1) 아세트산은 식초냄새가 나고 과량의 아세트산 무수물에 물을 가하면 고온의 기체가 발생하므로 조심해야 한다.

(2) 에터 화합물은 인화성 물질이기 때문에 가열기 근처에서 취급하지 않아야 한다.

(3) 실험에서 합성한 아스피린은 순수하지 않으므로 절대로 복용하지 않도록 한다.

6. 결과

(1) 사용한 살리실산의 무게 :

(2) 사용한 아세트산 무수물 :

(3) 아스피린 이론값 :

아스피린 이론값 계산시, 당량비가 낮은 살리실산의 몰수(한정시약)를 이용하여 아스피린의 이론값을 계산한다

(4) 수율 : 실험값(g)/이론값(g) × 100% = (%)

실습 4

나일론 합성

1. 실험목적

최초의 합성 고분자였던 나일론의 합성을 통하여 고분자의 특성을 이해한다.

2. 시약 및 기구

(1) 시약 : 헥사메틸렌다이아민(Hexamethylenediamine), 염화세바코일 (Sebacoyl chloride), 염화메틸렌 (Methylene chloride), 수산화나트륨 (Sodium hydroxide), 페놀프탈레인

(2) 기구 : 250 mL & 100 mL 비커, 100 mL 눈금실린더, 5 mL 눈금피펫, 핀셋, 유리막대, 비닐장갑

3. 이 론

(1) 고분자(polymer)

(2) 중합반응(polymerization) : 첨가중합, 축합중합

(3) 공중합(copolymerization)

(4) 계면중합(interfacial polymerization)

(5) 나일론(nylon)

① 나일론 6,6 : Adipic acid + Hexamethylenediamine

$HO_2C(CH_2)_4CO_2H$ + $H_2N(CH_2)_6NH_2$

→ $-[NH(CH_2)_6NHCO(CH_2)_4CO]-$

다이아민의 C의 개수 6 + 다이카르복실산의 C의 개수 6

② 나일론 6,10 : Sebacoyl chloride + Hexamethylenediamine

$[NH(CH_2)_6NHCO(CH_2)_8CO]$

다이아민의 C의 개수 6 + 다이카르복실산의 C의 개수 10

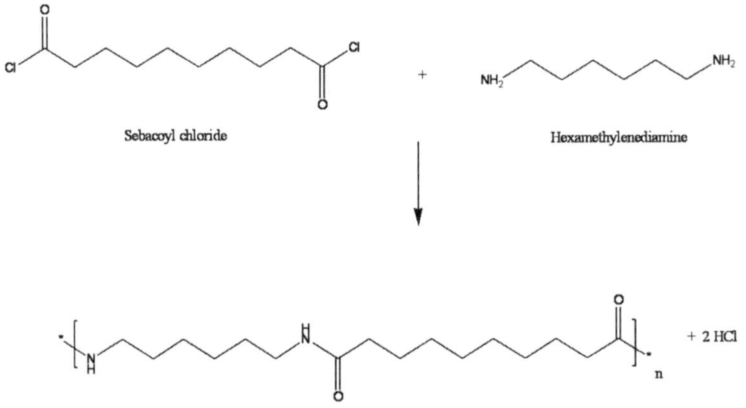

Sebacoyl chloride + Hexamethylenediamine → Nylon 6,10 + 2 HCl

4. 실험방법

① 염화세바코일 1mL를 눈금피펫으로 취하여 염화메틸렌 50mL가 들어있는 250mL 비이커에 녹인다.

② 100mL 비이커에서 헥사메틸렌다이아민 2.3 g 과 수산화나트륨 0.4 g 그리고 2~3방울의 페놀프탈레인 용액을 50mL의 증류수에 녹인다.

③ ②번 용액을 ①번 용액이 담긴 비커의 벽을 따라 서서히 부어 넣으면 두 용액의 계면에서 나일론 필름이 생성된다.

④ 생성된 나일론 필름을 핀셋으로 조심스럽게 끌어올려 유리 막대에 감는다. 계면

에서 나일론 필름이 더 이상 만들어 지지 않을 때까지 유리 막대로 나일론 끈을 감아올린다. 이때 필름을 손으로 만지지 않도록 한다.

⑤ 1회용 비닐장갑을 끼고 감아 올린 나일론을 두 손으로 잡아당겨 보아 탄성력이 있는지 확인한다.

5. 주의사항

(1) 염화메틸렌, 염화세바코일, 헥사메틸다이아민 등은 자극적이므로 증기를 흡입하거나 피부에 직접 닿지 않도록 주의한다.

(2) 수용액층을 유기층에 넣을 때 기벽을 따라 조심스럽게 넣도록 한다.

6. 결 과

(1) 합성 시 나일론은 어떠한 형태로 감겨 올라오는가?

(2) 합성된 나일론의 색은 어떠한가?

(3) 나일론의 탄성은 어떠한가?

절취선

일반화학실험 2

2013년 8월 27일 초판1쇄 인쇄
2013년 8월 30일 초판1쇄 발행

지은이 **노승백 · 이민우**
펴낸이 **신일희**
펴낸곳 계명대학교 출판부
(704-701) 대구광역시 달서구 달구벌대로 1095
TEL: (053)580-6233
FAX: (053)580-6235
홈페이지: www.kmupress.com
출판등록: 1970. 9. 1.(제347-1998-1호)

ISBN 978-89-7585-645-7 93430 정가 10,000원
*잘못된 책은 교환하여 드립니다.

이 도서의 국립중앙도서관 출판시도서목록(CIP)은 서지정보유통지원시스템 홈페이지(http://seoji.nl.go.kr)와 국가자료공동목록시스템(http://www.nl.go.kr/kolisnet)에서 이용하실 수 있습니다.(CIP제어번호: CIP2013016198)